合格対策
Microsoft認定

AZ-900： Microsoft Azure Fundamentals

テキスト&問題集 第2版

吉田 薫 ［著］

リックテレコム

●補足情報について

　本書の刊行後、記載内容の補足が必要となった際には、下記に読者フォローアップ資料を掲示する場合があります。必要に応じてご参照ください。

https://ric.co.jp/pdfs/contents/pdfs/1346_support.pdf

はじめに

　本書は、Microsoft 認定試験「AZ-900：Microsoft Azure Fundamentals」（以下、AZ-900）の対策書です。「AZ-900」は、クラウドのリーダー的な存在であるマイクロソフトが提供する、クラウドサービス「Microsoft Azure」についての入門レベルの試験です。

　筆者は、日本電気（NEC）の教育センターである NEC マネジメントパートナーに勤務し、NEC をはじめ日本全国のさまざまな企業様向けに、「AZ-900」の試験対策セミナーを実施してまいりました。嬉しいことに、のべ 5,000 名以上の参加があり、参加者の方々から多くのフィードバックを頂くことができました。本書は、そのフィードバックを分析し、実際に試験に出るポイントを中心にわかりづらいと感じる部分や難しいと感じる部分を噛み砕いて解説しています。

　2020 年に日本初の「AZ-900」の対策書として初版を刊行してから、2 年半以上になります。この間にクラウドサービスは日々進化を続け、試験内容もそれに合わせて変更されてきました。そこで、2022 年 10 月に実施された「AZ-900」の試験内容のアップデートに合わせて、大幅に改訂いたしました。今回の第 2 版では、最新の試験内容にもとづき、本文はもとより、図表についても更新と補足を行っています。

　「AZ-900」は、入門レベルの試験であり、実際のクラウド経験を必要としないため、どなたでもチャレンジできます。IT 管理者や IT 開発者などのエンジニアの方だけでなく、営業職の方やソリューションを利用する企業のご担当者、また、これからクラウドの勉強を始めようとしている新入社員の方にも、是非、チャレンジして頂けたらと思います（実際、いくつかの企業様において、新入社員向けに試験対策セミナーを実施させて頂き、多くの方が合格しています）。

　本書の構成は、次のように非常にシンプルです。特に第 2 章から第 4 章までは実際の試験の出題範囲（スキル）にそのまま合わせているので、効率的に学習することができます。

　　第 1 章　Microsoft 認定試験と AZ-900 の概要
　　第 2 章　クラウドの概念
　　第 3 章　Azure のアーキテクチャとサービス
　　第 4 章　Azure の管理とガバナンス
　　第 5 章　模擬試験

　繰り返しになりますが、本書は完全な「試験対策本」です。そのため、試験のポイントのみを紹介しています。短時間で学習できるという強みがありますが、Microsoft Azure の体系的な解説やサービスの詳細、操作手順などは割愛しています。

Microsoft Azure の基礎から勉強する方法については第 1 章で紹介していますので、参考にしてください。

　「AZ-900」はワールドワイドの認定資格であり、合格する価値のあるものです。是非、本書で勉強して頂き、「AZ-900」の合格を勝ち取ってください。

2022 年 11 月

吉田　薫

目次

はじめに 3

第1章　Microsoft 認定試験と AZ-900 の概要　9

1.1　Microsoft Azure の認定資格 10

1.2　AZ-900 : Microsoft Azure Fundamentals について 11

　　　AZ-900 試験の概要 11

　　　AZ-900 試験の申込み方法 13

　　　AZ-900 試験に合格するメリット 13

1.3　AZ-900 試験の問題形式 15

1.4　AZ-900 試験の勉強方法 17

1.5　Microsoft Azure をより深く理解するために 18

第2章　クラウドの概念　21

2.1　クラウドコンピューティング 22

　　　クラウドコンピューティングとは 22

　　　Microsoft Azure とは 23

　　　クラウドモデル 24

　　　クラウドの料金 27

2.2　クラウドサービスを使用するメリット 29

　　　可用性のメリット 29

　　　スケーラビリティのメリット 29

　　　セキュリティとガバナンスのメリット 30

　　　管理性のメリット 30

2.3　クラウドサービスの種類 32

　　　SaaS 32

　　　PaaS 32

　　　IaaS 33

　　　責任分担モデル 33

章末問題 36

第 3 章　Azure のアーキテクチャとサービス　49

3.1　**Azure のコアコンポーネント** 50
Azure サブスクリプション 50
Azure アカウント 51
Azure 無料アカウント 51
リソース 52
リソースグループ 52
複数の Azure サブスクリプション 52
リソースのサブスクリプション間の移動 53
管理レベルと階層 54
リージョン 55
リージョンペア 56
特殊なリージョン 57

3.2　**Azure コンピューティングサービス** 58
仮想マシン 58
Azure Marketplace 59
仮想マシンに必要なリソース 60
可用性セットと可用性ゾーン 61
仮想マシンスケールセット 64
コンテナー 65
サーバーレスコンピューティング 66
Azure Virtual Desktop 68

3.3　**Azure ネットワーキングサービス** 70
仮想ネットワーク 70
サブネット 71
ネットワークセキュリティグループ（NSG）............................... 72
サービスタグ 74
アプリケーションセキュリティグループ（ASG）......................... 74
Azure Firewall 75
ピアリング 76
サイト間接続 77
サイト間接続の設定手順 77
Azure ExpressRoute 79
ポイント対サイト接続 79
Azure DNS 80

パブリックエンドポイントとプライベートエンドポイント 81
負荷分散サービス 82
3.4 **Azure ストレージサービス**.. 83
Azure Storage 83
ストレージアカウントの種類... 83
ストレージアカウントに格納できるデータ 84
ストレージアカウントの冗長オプション 86
ブロック BLOB のアクセス層 86
データ操作ツール 87
データ同期サービス 88
3.5 **Azure の ID 管理**... 91
認証と承認の概念 91
Azure Active Directory（Azure AD）...................................... 92
Azure AD の設定手順.. 93
デバイスの作成 95
Azure AD 外部 ID 96
多要素認証... 96
パスワードレス認証 97
条件付きアクセス 98
Azure AD Domain Services（Azure AD DS）.......................... 98
3.6 **Azure のアクセス管理**.. 99
ロールベースのアクセス制御（RBAC）ロール.......................... 99
Azure AD ロール...100
3.7 **Azure のセキュリティ管理**...101
多層防御..101
ゼロトラスト 102
Microsoft Defender for Cloud 103
Microsoft Sentinel 104
章末問題...106

第 **4** 章 **Azure の管理とガバナンス**   135

4.1 **Azure のリソースのデプロイと管理**...............................136
Azure ポータル...136
Azure CLI...137

Azure PowerShell 138
Azure Cloud Shell 139
Azure Arc 140
Azure Resource Manager 140
ARM テンプレート 141
タグ 142

4.2　**Azure の監視** 143
Azure サービス正常性 143
Azure モニター 144
Azure Log Analytics（Azure モニターログ）..................................146
Application Insights 148
Azure Advisor 149

4.3　**Azure のバックアップと災害復旧** 150
Azure Backup 150
Azure Site Recovery 151

4.4　**Azure のガバナンスとコンプライアンス** 152
Azure ポリシー 152
Azure Blueprints 154
リソースのロック 155
Microsoft セキュリティガイダンス 155

4.5　**Azure のコスト管理** 158
Azure のコスト 158
Azure コストの最適化 161
Azure コストの見積もりツール..162
Azure コスト管理（Cost Management）...163

章末問題...166

第 **5** 章　**模擬試験**　　　　　　　　　　　　　　187

5.1　模擬試験問題 188
5.2　模擬試験問題の解答と解説 199

索引...212
著者プロフィール 215

第 1 章

Microsoft 認定試験と AZ-900 の概要

Microsoft 認定資格「AZ-900：Microsoft Azure Fundamentals」を取得するには、試験を受験し、合格しなければなりません。ここでは、Microsoft Azure の認定資格の種類、資格取得のメリット、試験の申込み方法や問題形式等を紹介します。

1.1 Microsoft Azure の認定資格

　マイクロソフト社では、試験を通じて専門知識を検証する「Microsoft 認定資格」を提供しています。この認定資格はワールドワイドで有効です。

　Microsoft Azure の認定資格は、役割と難易度に応じて複数用意されています。役割には、「管理者」、「開発者」、「ソリューションアーキテクト（システムの設計を行う人）」などがあります。また、難易度は、「初級」、「中級」、「上級」の 3 段階となっています。

　管理者と開発者向けの代表的な Microsoft Azure の認定資格を取得するには、図 1.1-1 のように対応する試験を受験し、合格する必要があります。ただし、上級の認定資格である「Azure Solutions Architect Expert」については、「AZ-104」と「AZ-305」の両方の試験に合格する必要があります。また、「DevOps Engineer Expert」については、「AZ-104」または「AZ-204」のどちらかの試験に合格し、さらに「AZ-400」に合格する必要があります。

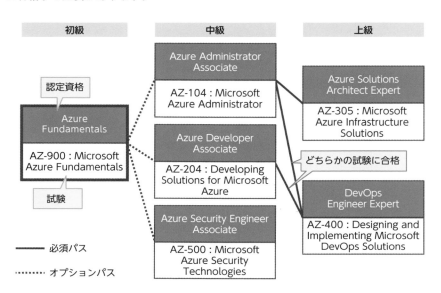

図 1.1-1　Microsoft Azure の認定資格と試験

1.2 AZ-900：Microsoft Azure Fundamentals について

AZ-900 試験の概要

AZ-900：Microsoft Azure Fundamentals（以下、**AZ-900**）は、Microsoft Azure の認定試験の中で最も初歩的な試験です。クラウドと Microsoft Azure について、次の3つの基本レベルのスキルが問われます。

表 1.2-1　AZ-900 試験で問われるスキル

スキル	出題の割合
クラウドの概念について説明する	25～30%
Azure のアーキテクチャとサービスについて説明する	35～40%
Azure の管理とガバナンスについて説明する	30～35%

本書では、この3つのスキルについて第2章から第4章まで順番に解説していきます。

表 1.2-2　試験のスキルと本書の対応関係

スキル	本書
クラウドの概念について説明する	第2章 クラウドの概念
Azure のアーキテクチャとサービスについて説明する	第3章 Azure のアーキテクチャとサービス
Azure の管理とガバナンスについて説明する	第4章 Azure の管理とガバナンス

試験の制限時間は45分です。問題数は40問程度で、1,000点満点の700点以上で合格となります（2022年11月現在）。オンライン試験のため、その場で合否が判定されます。

その他、試験の詳細については、AZ-900 の公式ページ（https://docs.microsoft.com/ja-jp/certifications/exams/az-900）で確認してください。

図 1.2-1　AZ-900 試験の公式ページ

AZ-900 試験の申込み方法

　AZ-900 試験は、マイクロソフト社より委託された Pearson VUE が運営するテストセンターで受験することができます。テストセンターは日本各地にあり、自分の都合のよい場所と時間を指定できます。試験の申込みは、AZ-900 の公式ページ（https://docs.microsoft.com/ja-jp/certifications/exams/az-900）から行うことができます。受験料は 12,500 円です（2022 年 11 月現在）。席が空いていれば、申し込んだ翌日に受験することも可能です。

AZ-900 試験に合格するメリット

　AZ-900 試験に合格すると、全世界で通用する Microsoft 認定資格「**Azure Fundamentals**」を取得でき、Azure に関する専門知識を有していることを証明することができます。

図 1.2-2　Azure Fundamentals のロゴ

　この認定資格には有効期限がないため、定期的に試験を受け直す必要はありません。また、試験に合格すると、専用の **Microsoft 認定資格ダッシュボード**にアクセスできるようになり、次のメリットを享受できます。

- 正式な認定書をダウンロードできる。
- 過去に取得した認定資格をまとめたトランスクリプト（合格証明書）をダウンロードできる。
- LinkedIn などのキャリアサイトに認定資格のバッジを貼り付けることができる。

図 1.2-3　Microsoft 認定資格ダッシュボード

1.3 AZ-900 試験の問題形式

　この試験は、コンピューターを操作して、画面に表示される設問に回答していくオンライン試験です。試験は、次の例のように問題文があり、その問題の適切な答えを選択肢から選ぶクイズのような形式となっています。もちろん、試験は日本語で受けることができます。

> **問題：** ある企業は、Microsoft Azure の導入を検討しています。Microsoft Azure を導入する利点は何ですか？
> 以下の選択肢から正しいものを 1 つ選んでください。
>
> **A.** Windows 11 が無料で使用できる
> **B.** Windows Server が無料で利用できる
> **C.** Microsoft Office が無料で利用できる
> **D.** 初期費用が発生しない

［正解］D

　問題によって、適切な答えを選択肢から1つ選んだり、複数選んだりします。また、選択肢を並べ替える問題などもあり、バラエティに富んでいます。

POINT!

選択肢から答えを複数選ぶ問題では、すべて正解しなくても、一部が正解していれば、部分的な加点がもらえる。正しいとわかる選択肢から確実に回答していこう！

　問題を最後まで進めていくと、「すぐに終了する」または「問題の見直しをする」が選択できます。「問題の見直しをする」を選択した場合は、すべての問題を見直すことができます。「すぐに終了する」を選択した場合は、残り時間があっても、その

場で試験が終了し、合否が表示されます。

>> POINT!

もし不合格になっても、再受験が可能である。マイクロソフト社の試験再受験ポリシーにより、2 回目は続けて受験できる（正確には、24 時間経過後）。その後は、再受験まで 14 日間のインターバルが必要となる。なお、1 年間で最大 5 回まで受験できる。

1.4 AZ-900 試験の勉強方法

　本書は、AZ-900 の試験対策に特化したものです。そのため、Microsoft Azure の体系立てた説明や技術的な解説は行っていません。すでに前提知識があり、本書を読んで十分理解できたら、是非、そのまま試験に臨んでください。もし、本書の内容が難しいと感じたら、マイクロソフト社公式のオンライントレーニングである**Microsoft Learn「Azure の基礎」**の受講をお勧めします。このオンライントレーニングは、無償で受講でき、さらに演習を通じて、実際に Microsoft Azure を操作することができます。

図 1.4-1　Microsoft Learn（Azure の基礎）

● Microsoft Learn「Azure の基礎」
https://docs.microsoft.com/ja-jp/learn/modules/intro-to-azure-fundamentals/

> **》》 POINT!**
>
> Microsoft Learn の演習では、Microsoft Azure の契約（サブスクリプション）がなくても Microsoft Azure の実際の操作を体験できる。

1.5 Microsoft Azure を より深く理解するために

　試験勉強を通じて、「Azure は面白い」、「Azure をより深く知りたい」と思う方もきっと多いでしょう。Azure の知識は今後のビジネスに大きく役立ちます。試験に合格しても、それで終わりとせずに、是非、勉強を続けてください。Azure には、さまざまな勉強方法が用意されています。ここでは、主に無料でできる勉強方法を紹介します。

▶ 実際に操作してみる

　まずは、「習うより慣れろ」です。実際に自分で Azure を操作し、経験を重ねると、早く上達します。初めて Azure を使用する方は、Web サイト（https://azure.microsoft.com/ja-jp/free/）より無料アカウントを作成できます。無料アカウントでは、30 日間、任意の Azure サービスを自由に利用することができます。ただし、利用できる上限は 22,500 円相当分です。なお、30 日経った後や上限額を使い切った後でも、一部の人気のサービスは一定期間無料で利用できます。

▶ ドキュメントを読む

　Azure の詳細な仕様やアーキテクチャについては、ドキュメントで確認し、知識を深めましょう。Azure の各種ドキュメントは、Microsoft Docs（https://learn.microsoft.com/ja-jp/azure/）で公開されています。Microsoft Docs は、読みやすさに注力した新しいドキュメントサービスです。スマートフォンなどのモバイル端末でも読みやすいようにレイアウトされているので、電車の中などの空き時間を利用して勉強ができます。

　また、Azure はクラウドサービスという性格上、日々変化しているため、最新の情報を得ておく必要があります。そのキャッチアップには Microsoft Azure ブログ（https://azure.microsoft.com/ja-jp/blog/）が便利です。

1

▶ トレーニングに参加する

　短時間で Azure を習得したいのであれば、トレーニングへの参加が効率的です。トレーニングでは、Azure のスキルを体系的に勉強することができます。Microsoft Learn（https://docs.microsoft.com/ja-jp/learn/）は、手順付きのガイダンスに従って学習するオンライントレーニングです。Microsoft Learn では、前節で紹介した「Azure の基礎」などの多くのコース（ラーニングパス）を無料で受講できます。さらに、演習も用意されています。この演習では、Azure サブスクリプションを準備していなくても「サンドボックス」と呼ばれる仮想環境を介して Azure を操作することができます。

　また、有料となりますが、Microsoft 認定トレーニングも全国で実施されています。Microsoft 認定トレーニングは、マイクロソフト社が監修したトレーニングテキストを使用し、高いスキルを持つインストラクターがトレーニングを実施します。もちろん、演習も用意されていますので、実際に Azure を操作することができます。詳しくは、各トレーニングベンダーの公式ページを参照してください。

▶ イベントに参加する

　マイクロソフト社では、Azure を学習するためのイベントを定期的に開催しています。どのようなイベントが近日開催されるかについては、Azure のイベントとウェビナーのページ（https://azure.microsoft.com/ja-jp/community/events/）で検索できます。イベントには無料のものと有料のものがありますので、注意してください。また、イベントによっては、会場に行かなくてもオンラインで聴講できるものもあります。

▶ 上位の認定試験にチャレンジする

　マイクロソフト社の認定試験サイト（https://docs.microsoft.com/ja-jp/learn/certifications/）によると、2022 年 11 月現在、Azure の認定試験の数は 70 以上あります。AZ-900「Microsoft Azure Fundamentals」は、これらの認定試験の 1 つに過ぎません。例えば、管理者が AZ-900 の次に目指すべき中級レベルの試験に AZ-104「Microsoft Azure Administrator」があり、人気があります。このような上位の認定試験の合格を目標にすることは、勉強のモチベーションの維持に大変効果的です。

第 2 章

クラウドの概念

Microsoft Azure はクラウドサービスです。では、「クラウド」とは、いったい何でしょうか？ 本章では、クラウドの概念やメリット、クラウドで提供されるサービスの種類などを紹介します。

2.1 クラウドコンピューティング

従来、IT システムは、**オンプレミス**すなわち自社で運用管理する社内データセンター等で構築していました。しかし現在では、IT システムの構築先として、オンプレミスだけでなくクラウドも選択できるようになりました。

クラウドコンピューティングとは

サーバー、ストレージ、ネットワークなどの**IT リソース**をインターネット経由で、いつでもどこからでも任意のデバイスから自由に利用できるようにする形態を、**クラウド**または**クラウドコンピューティング**といいます。クラウドでは、**クラウドサービスプロバイダー（クラウド事業者）**のデータセンターで提供される**クラウドサービス**を利用して IT リソースを作成し、操作します。

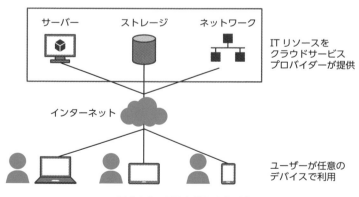

図 2.1-1　クラウドのイメージ

クラウドコンピューティングでは、**規模の経済**が成り立ちます。ここでいう規模の経済とは、クラウドサービスプロバイダーが IT リソースを大量かつ一括導入し、さらにそれらを複数の利用者（テナント）で共有することで、ユーザーへクラウド

サービスを安価に提供できることを意味します。

Microsoft Azure とは

Microsoft Azure（以下、**Azure**）は、マイクロソフト社が2010年より提供して
いるクラウドサービスです。当初は Windows Azure という名前で提供されていま
したが、2014年に現在の名称に変わりました。

図 2.1-2　Microsoft Azure のトップページ

Azure では、マイクロソフト社自らがクラウドサービスプロバイダーとして世界
中でデータセンターを運用し、さまざまな用途に対応するクラウドサービスを提供
しています。

```
・AI、機械学習              ・ハイブリッド、マルチクラウド
・DevOps                   ・メディア
・ID                       ・モノのインターネット（IoT）
・Web                      ・モバイル
・Windows Virtual Desktop  ・移行
・コンテナー                ・開発者ツール
・コンピューティング         ・管理とガバナンス
・ストレージ                ・統合
・セキュリティ              ・複合現実
・データベース              ・分析
・ネットワーク
```

図 2.1-3　Azure が提供するクラウドサービスのカテゴリ

クラウドモデル

　ユーザーがクラウドを利用する形態には、パブリッククラウド、プライベートクラウド、ハイブリッドクラウド、およびマルチクラウドの 4 種類があります。

▶ パブリッククラウド

　一般的にクラウドといえば**パブリッククラウド**を指します。Azure はパブリッククラウドの 1 つです。パブリッククラウドでは、社内データセンターは一切使用せず、クラウドサービスプロバイダーのデータセンターのみを使用するため、社内データセンターを運用する必要がありません。パブリッククラウドは、クラウドサービスプロバイダーが提供するサーバーやストレージなどの IT リソースを CPU 数やストレージ容量で分割し、複数の組織やユーザーで効率的に共有利用します。なお、組織やユーザーが同じ IT リソースを利用しても、環境はそれぞれ分離しているため、お互いのデータにアクセスできたり、影響を受けたりすることはありません。

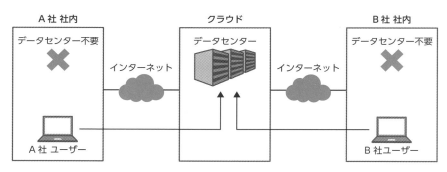

図 2.1-4　パブリッククラウドの構成例

>> POINT!

パブリッククラウドの「パブリック」とは「公共」という意味であるが、パブリッククラウドで構築した IT システムに誰でもアクセスできるということではない。組織内のユーザーだけが利用でき、ゲストユーザーが利用できないようにアクセスを制限することも可能である。

▶ プライベートクラウド

プライベートクラウドでは、社内データセンターをパブリッククラウドと同じ方式で運用します。従来の社内データセンターでは、ITリソースを、組織内の部門やユーザーにサーバーやストレージ単位で提供していましたが、プライベートクラウドでは、パブリッククラウドと同様にCPU数やストレージ容量で分割し、効率的に提供します。結果として、プライベートクラウドは、高いセキュリティと自由度を持つ社内のデータセンターを利用しつつ、パブリッククラウドの使い勝手の良さを実現できます。なお、マイクロソフト社では、社内データセンターにAzureと互換性の高いプライベートクラウドを構築するAzure Stackを提供しています。

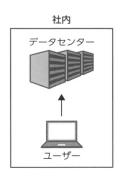

図2.1-5　プライベートクラウドの構成例

> **POINT!**
>
> プライベートクラウドは、パブリッククラウドのようにITリソースを複数の組織で共有利用するのではなく、組織内だけで利用する。なお、プライベートクラウドには2つの形態がある。社内データセンターで実現するクラウド環境は「オンプレミス型プライベートクラウド」と呼ばれる。これに対して、クラウドサービスプロバイダーのITリソースの一部を完全に専有し、自社専用のデータセンターのようにして、クラウド環境を実現する形態もある。これは「ホステッド型プライベートクラウド」と呼ばれる。

ハイブリッドクラウド

　プライベートクラウドを含む組織内のデータセンターとパブリッククラウドを組み合わせて利用するクラウド環境のことを、**ハイブリッドクラウド**といいます。ハイブリッドクラウドは、プライベートクラウドとパブリッククラウドの両方の利点を得ることができる「いいとこ取り」です。例えば、組織内のデータセンターでストレージが足りなくなった場合、その不足分のみをパブリッククラウドのストレージで補うといった使い方ができます。

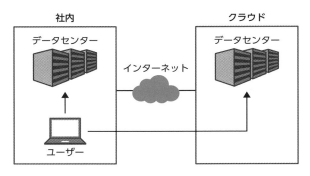

図 2.1-6　ハイブリッドクラウドの構成例

> ### POINT!
>
> パブリッククラウドではなくプライベートクラウドやハイブリッドクラウドを利用する理由の 1 つが、「遅延」である。遅延とは、データが相手のコンピューターに届くまでの時間のことで、すぐに相手に届くことを「低遅延」、相手に届くまで時間がかかることを「高遅延」という。また、遅延を測定する指標を「レイテンシー」と呼び、ミリ秒で表す。一般的に、社内のデータセンターを利用するプライベートクラウドやハイブリッドクラウドは、インターネットを経由するパブリッククラウドよりもレイテンシーが小さく、低遅延である。

マルチクラウド

　クラウドの最も新しい利用形態が、**マルチクラウド**です。マルチクラウドは、同時に複数のクラウドサービスプロバイダーのパブリッククラウドを使用する環境で

す。パブリッククラウドごとの特徴を活用でき、障害にも強い IT システムを構築できます。例えば、Azure と、アマゾン ウェブ サービス社が提供するパブリッククラウドの Amazon Web Services（AWS）を併用して、IT システムを構築します。

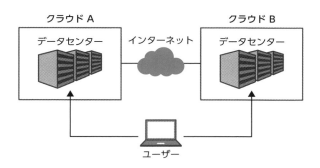

図 2.1-7　マルチクラウドの構成例

クラウドの料金

　クラウド（パブリッククラウド）の料金は、消費型モデルです。消費型モデルとは、クラウドを使用した分のみ、後日、料金を支払う方式です。つまり、ガスや電気の料金と同じ形態です。例えば、ユーザーがクラウドでストレージなどの IT リソースを使用すると、その**使用量に応じた料金（従量課金）のみが発生します**。クラウドを使い始める際に**初期費用は発生しません**。

▶ CAPEX と OPEX

　オンプレミスとクラウドの料金を比較するときによく使用される言葉が CAPEX（キャペックス）と OPEX（オペックス）です。CAPEX とは、**資本コスト（Capital Expenditure）** のことで、設備投資や初期投資に掛かる費用を指します。一方、OPEX とは、**運用コスト（Operating Expenditure）** のことで、運用に掛かる経費を指します。**IT システムを組織内データセンターからクラウドへ移行することは、CAPEX から OPEX へ移行することを意味します**。

> ≫≫ POINT!
>
> CAPEX と OPEX の違いを正しく理解すること。例えば、サーバーやソフトウェアの購入費用は CAPEX である。ソフトウェアのレンタル代、電気代、技術者の給料、さらにクラウドの料金は OPEX である。

2.2 クラウドサービスを使用するメリット

ITシステムをクラウドに構築する場合、オンプレミスにはないさまざまなメリットがあります。ここでは、Azureなどの一般的なクラウドサービスを使用するメリットを紹介します。

可用性のメリット

可用性とは、「使いたいときに、いつでも使える」ことです。クラウドは、**ハードウェアの二重化により、システムの停止やダウンタイムを防ぐフォールトトレランスを備えたデータセンター**で運用されているため、ハードウェアの故障などの障害対応は自動的に行われ、ダウンタイムはほとんどありません。

> **POINT!**
>
> 可用性と関連が深い用語として「信頼性」がある。信頼性とは、「どれだけ壊れにくいか」である。例えば、クラウドではAIによる予測をもとに、実際に故障する前にハードウェアを交換することで、信頼性を高めている。

スケーラビリティのメリット

スケーラビリティとは「負荷の増減に適応する」こと、すなわち負荷が変動しても一定のスループットを維持する能力です。スケーラビリティを向上させるには、クラウドの「弾力性」が不可欠です。クラウドのデータセンターに膨大な数のサーバーやストレージなどのITリソースを用意しておき、**使いたいときに柔軟にITリソースを確保し、不要となったときに解放できることが「弾力性」**です。

なお、このように負荷に合わせてITリソースを確保するクラウドの機能を

「スケーリング」といいます。スケーリングには、IT リソースの性能を向上または低下させる垂直スケーリングと、IT リソースの数を増加または減少させる水平スケーリングの 2 種類があります。**1 台の Web サーバーで CPU を追加したり、メモリを増量することは垂直スケーリングの一例です。**また、Web サーバーを 1 台から 2 台へ増やすことは水平スケーリングの一例です。

> **POINT!**
>
> クラウドには、「俊敏性」のメリットもある。俊敏性とは、変化に素早く対応できることをいう。例えば、新しい Web サーバーが必要となった場合、オンプレミスでは、サーバーの発注から納品、セットアップまで時間がかかるが、クラウドなら 1 回のクリックで Web サーバーを準備できる。俊敏性により、アプリケーションの仕様に変更があった場合でも素早い対応ができるわけだ。

セキュリティとガバナンスのメリット

　クラウドは、ISO27001 などの国際標準や業界標準のコンプライアンス基準に準拠し、そのセキュリティはクラウドサービスプロバイダーにより厳重に管理されています。クラウドは、組織内のデータセンターでは実現が難しい物理セキュリティ対策も徹底しています。例えば、Azure のデータセンターは高いフェンスで囲まれ、監視カメラにより常時監視されています。また、データセンターの出入口にはゲートが設けられ、厳密な入退室管理を行っています。

管理性のメリット

　クラウドは、誰でも利用できる「オンデマンドセルフサービス」です。使い勝手の良い管理ツールが用意され、一般ユーザーが管理者やクラウドサービスプロバイダーの手を借りることなくクラウドを利用できます。例えば、Azure では「Azure ポータル」と呼ばれるグラフィカルでわかりやすい Web ベースの管理ツールを提供しています。また、コマンドラインツールや API も用意されているので、バッチファイルやスクリプトで自動処理したり、プログラムから操作することも容易です。

図 2.2-1　Azure の Web ベースの管理ツール「Azure ポータル」

2.3　クラウドサービスの種類

　クラウドでは、ユーザーのニーズに応える多種多様なサービスが提供されています。それらのサービスを整理すると、SaaS、PaaS、IaaS の 3 つに大きく分類されます。

SaaS

　SaaS（Software as a Service）は、ソフトウェアをサービスとして提供します。ソフトウェアとは、アプリケーションのことです。SaaS により、ユーザーはさまざまなアプリケーションサーバーをセットアップすることなくインターネット経由ですぐに利用できます。例えば、Microsoft 365 は、メールサーバーやコラボレーションサーバーなどのアプリケーションを提供する SaaS です。同様に、Microsoft Intune は、コンピューターやスマートフォン、タブレットなどを管理するアプリケーションを提供する SaaS、Microsoft Dynamics 365 は基幹業務システムを提供する SaaS です。

POINT!

Microsoft 365、Microsoft Intune、Microsoft Dynamics 365 は、いずれも SaaS サービスである。

PaaS

　PaaS（Platform as a Service）は、プラットフォームをサービスとして提供します。プラットフォームとは、アプリケーションの実行環境です。具体的には、Web アプリケーション（以下、Web アプリ）の実行環境である Web サーバーや、データベー

スの実行環境であるデータベースサーバーを指します。PaaS により、アプリケーションの開発者は実行環境を意識する必要がなくなるため、アプリケーションの開発に専念できます。

Azure の多くのサービスは、PaaS です。例えば、**Azure App Service** は Web サーバーを提供する PaaS、**Azure SQL Database** はデータベースサーバーを提供する PaaS です。

IaaS

IaaS（Infrastructure as a Service）は、インフラストラクチャをサービスとして提供します。インフラストラクチャとは、プロセッサやメモリ、ディスクなどの IT リソースそのものです。一般的に、これらの IT リソースは**仮想マシン**として提供されます。例えば、**Azure 仮想マシンは IaaS に該当します**。

> **POINT!**
>
> Azure 仮想マシンに IIS や Apache などの Web サーバー、SQL Server や Oracle などのデータベースサーバーをインストールしても、それは PaaS ではなく IaaS である。

責任分担モデル

SaaS、PaaS、IaaS のうち、どのクラウドサービスを利用するべきかを検討するには、**責任分担モデル**を理解することが重要です。責任分担モデルとは、IT システムを構成するハードウェア、OS、ミドルウェア、アプリケーション、データのどの部分までをユーザーが管理するか、またはクラウドサービスプロバイダーが管理するかの境界を示すものです。

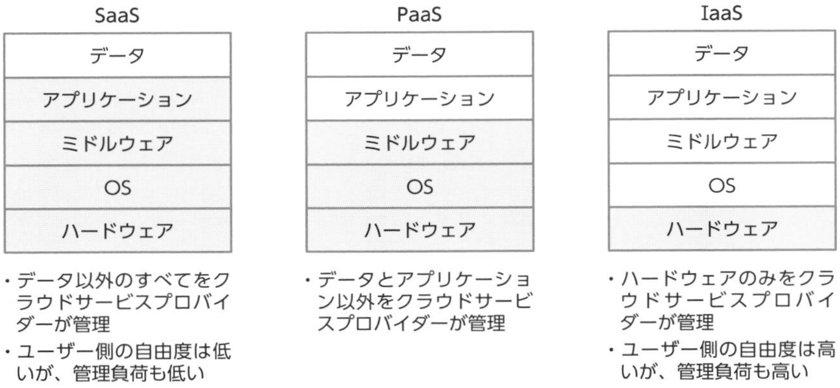

SaaS
データ
アプリケーション
ミドルウェア
OS
ハードウェア

・データ以外のすべてをク
　ラウドサービスプロバイ
　ダーが管理
・ユーザー側の自由度は低
　いが、管理負荷も低い

PaaS
データ
アプリケーション
ミドルウェア
OS
ハードウェア

・データとアプリケーショ
　ン以外をクラウドサービ
　スプロバイダーが管理

IaaS
データ
アプリケーション
ミドルウェア
OS
ハードウェア

・ハードウェアのみをクラ
　ウドサービスプロバイ
　ダーが管理
・ユーザー側の自由度は高
　いが、管理負荷も高い

青色で網掛けされた部分は、クラウドサービスプロバイダーが管理する範囲を示している。

図 2.3-1　クラウドモデルごとの責任分担モデル

▶ SaaS の責任分担モデル

　SaaS は、クラウドサービスプロバイダーがハードウェアからアプリケーションま
で管理します。そのため、**ユーザーは、アプリケーションのアップデートやセキュ
リティ対策、バックアップなどの管理タスクを行う必要がなく、**管理作業が最小で
済みますが、ミドルウェアを追加したり、アプリケーションを切り替えるなどの IT
システムの構成変更を行うことはできません。

▶ PaaS の責任分担モデル

　PaaS は、クラウドサービスプロバイダーがハードウェアからミドルウェアまでを
管理しますが、アプリケーションは管理しません。そのため、ユーザーは任意のア
プリケーションを展開できます。また、開発者はアプリケーションの開発に集中で
きます。ただし、OS やミドルウェアの構成は変更できません。

▶ IaaS の責任分担モデル

　IaaS は、クラウドサービスプロバイダーがハードウェアのみを管理し、ユーザー
は仮想マシンの OS、ミドルウェア、アプリケーションを自由に構成できます。その
ため、**すでに保証期間が終了し、サポートが終了したレガシーOS やレガシーアプ
リケーション、レガシーデータベースも自己責任で展開が可能です。**ただし、仮想

マシンのセキュリティ対策やバックアップなどの管理作業は、ユーザー自身で行う必要があります。

　なお、どのクラウドモデルでも、データの管理はユーザー自身で行う必要があります。

> POINT!

SaaS、PaaS、IaaS のどのクラウドサービスでも、サーバーやストレージ、ネットワークなどのハードウェアはクラウドサービスプロバイダーが管理するため、ユーザーによるハードウェアの故障対応やセキュリティ対策は不要である。

章末問題

Q1 クラウドデータセンターが大量のサーバーを一括導入することで、それらのサーバーをユーザーへ安価に提供できることを 　　　　　 といいます。空欄に入る適切なものを 1 つ選択してください。

A. 規模の経済
B. 資本コスト（CAPEX）
C. 運用コスト（OPEX）
D. オンデマンドセルフサービス

解説

　製品の生産量が増えれば増えるほど、その製品の生産単価が下がることを「規模の経済」といいます。クラウドでは、クラウドサービスプロバイダーが大量のサーバーを一括導入することで、サーバーをユーザーへ安価に提供し、ユーザーの利用単価（利用料金）を下げることを指します。よって、**A** が正解です。

[答] A

Q2 Azure について、各特徴が正しい場合は「はい」、正しくない場合は「いいえ」を選択してください。

特　徴	は い	いいえ
初期費用が発生する	○	○
IT リソースを使った分だけの従量課金で利用できる	○	○
作成済みの仮想マシンのサイズ（CPU 数やメモリサイズなど）をいつでも素早く増減できる	○	○

解説

　クラウドサービスである Azure を利用するにあたって初期費用は不要です。Azure は、仮想マシンなどの IT リソースを使用した分だけ料金を支払う従量課金制

となっています。また、Azure では、俊敏性により仮想マシンのリソースの数やサイズ（CPU 数やメモリサイズなど）をいつでも素早く増減できます。よって、正解は［答］欄の表のとおりです。

［答］

特　徴	は い	いいえ
初期費用が発生する	○	●
IT リソースを使った分だけの従量課金で利用できる	●	○
作成済みの仮想マシンのサイズ（CPU 数やメモリサイズなど）をいつでも素早く増減できる	●	○

Q3 あなたの会社では、社内データセンターで稼働中の社外向け Web システムを Azure へ移行することを検討しています。事前に確認しておくべき事柄を 1 つ選択してください。

    A. 利用料金
    B. 初期費用
    C. Azure と社内ネットワークとの VPN 接続方法
    D. 用意する Web サイト数

解説

　Azure は、使用した分だけを支払う従量課金制です。そのため、事前にどれくらい使用するかを検討し、利用料金の概算を予測しておくことが重要になります。よって、**A** が正解です。なお、Azure を利用するにあたって初期費用は不要です。また、Web システムの移行時に、Azure と社内ネットワークとの VPN 接続方法や、用意する Web サイト数を確認する必要はありません。したがって、B、C、D は、いずれも事前に確認しておくべき事柄ではありません。

［答］A

Q4 あなたの会社では、オンプレミスの環境をすべて Azure へ移行する予定です。移行後に不要となる管理タスクを 2 つ選択してください。

A. サーバー（ハードウェア）をメンテナンスする

B. アプリケーションのデータをバックアップする

C. サーバールームへの入退室を管理する

D. アプリケーションのセキュリティ対策を行う

解説

Azure などのクラウドでは、データセンター内の物理的なサーバーの管理は不要です。つまり、サーバー（ハードウェア）のメンテナンスやサーバールームへの入退室の管理タスクは不要となります。よって、**A** と **C** が正解です。なお、B や D のようなアプリケーションやデータの管理は引き続き必要となります。

[答] A、C

Q5 あなたの会社では、データセンターで Hyper-V 仮想マシンを多数実行しています。あなたは、すべての仮想マシンを Azure へ移行することを計画しています。あなたは、Azure への移行が正しい支出モデルであることを確認する必要があります。
解決策：弾力性のある支出モデルを使用する
この解決策は要件を満たしていますか？

A. はい

B. いいえ

解説

IT システムの支出モデルには、資本コスト（CAPEX）と運用コスト（OPEX）がありますが、データセンターで Hyper-V 仮想マシンを実行することは設備投資や初期費用が掛かる「資本コスト」モデルとなり、Azure への移行は、運用費が掛かる「運用コスト」モデルとなります。つまり、正解は「運用コスト」モデルです。なお、「弾力性のある支出モデル」という言葉は存在しません。よって、**B** が正解です。

[答] B

Q6 Azure 仮想マシンから、社内の SQL Server データベースへクエリーを実行するクラウド環境は、<u>ハイブリッドクラウド</u>です。下線を正しく修正してください。

2

A. 変更不要

B. パブリッククラウド

C. プライベートクラウド

D. オンプレミス

解説

社内のデータセンターの SQL Server データベースとパブリッククラウドの Azure 仮想マシンを組み合わせて利用しているため、このクラウド環境は「ハイブリッドクラウド」です。よって、**A** が正解です。

[答] A

Q7 ユーザーが物理サーバーをデプロイできないクラウド環境は _____ です。空欄に入る適切なものを 1 つ選択してください。

A. パブリッククラウド

B. プライベートクラウド

C. ハイブリッドクラウド

D. オンプレミス

解説

パブリッククラウドは、クラウドサービスプロバイダーがデータセンターを厳重に管理するため、ユーザーが勝手に物理サーバーをデプロイ（配置）することはできません。よって、**A** が正解です。

[答] A

Q8　クラウド環境について、各特徴が正しい場合は「はい」、正しくない場合は「いいえ」を選択してください。

特　徴	は い	いいえ
プライベートクラウドはインターネットから常に切断されている	○	○
ハイブリッドクラウドを利用するには、プライベートクラウドからハイブリッドクラウドへ移行する必要がある	○	○
パブリッククラウドにはゲストユーザーのみアクセスできる	○	○

解説

　プライベートクラウドは、自社専用で利用するクラウド環境であり、別段インターネットから切断されている必要はありません。ハイブリッドクラウドは、プライベートクラウドとパブリッククラウドを組み合わせて利用するクラウド環境であり、プライベートクラウドから移行する必要はありません。また、パブリッククラウドでサービスを提供する場合、不特定多数（ゲストユーザー）にそのサービスへのアクセスを提供することもできますが、利用者を限定することも可能です。よって、正解は［答］欄の表のとおりです。どれもクラウド環境で誤解されやすいものばかりですので、注意が必要です。

［答］

特　徴	は い	いいえ
プライベートクラウドはインターネットから常に切断されている	○	●
ハイブリッドクラウドを利用するには、プライベートクラウドからハイブリッドクラウドへ移行する必要がある	○	●
パブリッククラウドにはゲストユーザーのみアクセスできる	○	●

Q9　ハイブリッドクラウドについて、適切な説明を 1 つ選択してください。

　　　A. 複数のクラウドを組み合わせて利用する

　　　B. 社内データセンターとクラウドを組み合わせて利用する

　　　C. Windows と Linux の両方の OS を利用する

　　　D. 最初はプライベートクラウドから作成する

解説

　ハイブリッドクラウドは、社内データセンターとクラウド（パブリッククラウド）を組み合わせた使用方法です。よって、**B** が正解です。なお、Ａの「複数のクラウドを組み合わせて利用する」ことでそれら複数のクラウドのメリットを享受する環境は、「マルチクラウド」と呼ばれています。

［答］B

Q10 あなたの会社では、社内データセンターで稼働中の動画配信アプリをAzure へ移行することを検討しています。動画配信アプリの配信ラグを減らすための最適なソリューションを 1 つ選択してください。

　　A. 低遅延

　　B. 弾力性

　　C. フォールトトレランス

　　D. 高スケーラビリティ

解説

　データが相手のコンピューターに届くまでの時間が短いことを「低遅延」といいます。動画配信アプリの配信ラグを減らすには、利用者の近くで動画をキャッシュするなどの低遅延ソリューションを導入します。よって、**A** が正解です。Ｂの「弾力性」とは、必要なときにリソースの割り当てを動的に増減することです。また、Ｃの「フォールトトレランス」とは、災害時や障害時でもサービスを正常に稼働させることをいい、Ｄの「高スケーラビリティ」とは、負荷が変化しても一定のスループットを維持することをいいます。

［答］A

Q11 資本コスト（CAPEX）と運用コスト（OPEX）について、各特徴が正しい場合は「はい」、正しくない場合は「いいえ」を選択してください。

特 徴	はい	いいえ
社内データセンターの電気料金は OPEX である	○	○
ソフトウェアのレンタル料金は CAPEX である	○	○
技術者の給料は OPEX である	○	○

解説

　資本コスト（CAPEX）は、設備投資や初期投資に関わる支出であり、例えば、自社のデータセンターの導入コストは資本コスト（CAPEX）です。一方、運用コスト（OPEX）は、運用に必要な費用であり、電気料金、ソフトウェアのレンタル代、技術者の給料などが例として挙げられます。よって、正解は［答］欄の表のとおりです。

［答］

特 徴	はい	いいえ
社内データセンターの電気料金は OPEX である	●	○
ソフトウェアのレンタル料金は CAPEX である	○	●
技術者の給料は OPEX である	●	○

Q12　オンプレミスの環境を Azure へ移行する際には、資本コスト（CAPEX）を考える必要がある。この文は正しいですか？

A. はい
B. いいえ

解説

　オンプレミスの環境を Azure などのクラウドへ移行すると、設備投資などの資本コスト（CAPEX）は不要になりますが、使用量に応じて課金が発生するので運用コスト（OPEX）が必要となります。つまり、考えるべきことは運用コスト（OPEX）なので、設問の文は誤りです。よって、**B** が正解です。

［答］B

Q13 クラウドの弾力性の説明について、正しいものを1つ選択してください。

- **A.** 負荷が変動しても、一定のスループットを維持すること
- **B.** 障害が発生しても、継続して稼働すること
- **C.** システムを二重化して、障害が発生してもシステムを正常に機能させる設計のこと
- **D.** ニーズに合わせて、リソースの割り当て量を増減すること

解説

　クラウドの大きな特徴である「弾力性」とは、風船を膨らませたり、萎ませたりするイメージで、必要なときにリソースの割り当てを自由に増やしたり、減らしたりできることをいいます。例えば、仮想マシンの場合、CPUやメモリ、ディスクなどのITリソースの数やサイズを自由に変えることができます。この弾力性により、事前の綿密なサイジング設計が不要になります。よって、**D**が正解です。

　Aのように、負荷が変動しても一定のスループットを維持することを「高スケーラビリティ」といいます。Bのように、障害が発生しても継続して稼働することを「高可用性」といいます。Cのように、システムを二重化しておき、障害が発生してもシステムを正常に機能させる設計のことを「フォールトトレランス」といいます。

[答] D

Q14 あなたの会社では、Azureの仮想マシンを使用して、Webアプリを公開しています。Azureのデータセンターに障害が発生してもWebアプリへアクセスできるようにするために必要な設計を1つ選択してください。

- **A.** サイズ
- **B.** レイテンシー
- **C.** フォールトトレランス
- **D.** バックアップ

解説

　システムを二重化することで、サービスを構成する要素が故障したり停止したりしても、サービスを正常に稼働させ続ける仕組みを「フォールトトレランス」といいます。よって、**C** が正解です。なお、A の「サイズ」は、仮想マシンの性能（CPU数やメモリサイズなど）を決定するパラメーターです。B の「レイテンシー」とは、ネットワークの遅延のことです。D の「バックアップ」とは、データの消失に備えて別の場所にデータを保存することです。バックアップも障害対策として有効ですが、フォールトトレランスほどの即時性はありません。

[答] C

Q15 クラウドの特徴である<u>オンデマンドセルフサービス</u>とは、管理者の手を借りることなく、ユーザー自身が操作することです。下線を正しく修正してください。

A. 変更不要
B. 高スケーラビリティ
C. 高可用性
D. 弾力性

解説

　クラウドの特徴であるオンデマンドセルフサービスとは、クラウドの利用にあたって、管理者やクラウドサービスプロバイダーの手を借りることなく、ユーザー自身が直接操作を行えるようになっていることです。よって、下線部分は「オンデマンドセルフサービス」のままでよく、**A** が正解です。クラウドには、オンデマンドセルフサービスを実現するために Web ベースのコンソールが用意されており、簡単な操作でクラウドを利用できます。

[答] A

Q16 あなたの会社では、外部向けに独自の Web アプリを公開する予定です。なお、Web アプリの管理はできるかぎり最小限にしたいと考えています。
解決策：SaaS (Software as a Service) を採用する
この解決策は要件を満たしていますか？

A. はい
B. いいえ

解説

　クラウドが提供するサービスは、SaaS、PaaS、IaaS の 3 つに大きく分類されます。解決策に挙げられている SaaS（Software as a Service）は、アプリケーションパッケージ製品を提供するサービスなので、独自の Web アプリを公開することはできません。よって、**B** が正解です。

　なお、PaaS（Platform as a Service）と IaaS（Infrastructure as a Service）は、どちらも独自の Web アプリを公開する目的で使用できますが、この設問では、Web アプリの管理を最小限にすることが要求されているので、IaaS よりも管理負荷の低い PaaS が最適な解決策となります。

[答] B

Q17 Azure が提供する IaaS (Infrastructure as a Service) として正しいものを 2 つ選択してください。

A. Azure App Service
B. Azure SQL Database
C. SQL Server をインストールした Azure 仮想マシン
D. IIS をインストールした Azure 仮想マシン

解説

　クラウドのサービスの分類として、Azure 仮想マシンが IaaS に該当します。Azure 仮想マシンに SQL Server（データベースサーバー）や IIS（Web サーバー）などのアプリケーションをインストールしても、IaaS であることに変わりはありません。

よって、**C** と **D** が正解です。A の「Azure App Service」は、Web サーバーを提供する PaaS です。B の「Azure SQL Database」は、データベースサーバーを提供する PaaS です。

[答] C、D

Q18 SaaS（Software as a Service）の特徴として正しいものを 1 つ選択してください。

    A. ユーザーが OS を操作できる

    B. ユーザーがアプリケーションをインストールできる

    C. ユーザーがアプリケーションをアップデートできる

    D. ユーザーがアプリケーションデータを操作できる

解説

　SaaS（Software as a Service）は、ソフトウェア（アプリケーション）をサービスとして提供します。ユーザーは手軽にアプリケーションを利用することができますが、管理作業はできず、データの操作のみ可能です。SaaS の一例である Microsoft 365 では、Word や Excel などのデータを操作することはできますが、アプリケーションそのもののインストールやアップデートはできません。よって、**D** が正解です。

[答] D

Q19 あなたは、社内のアプリケーションを Azure へ移行する予定です。なお、移行予定のアプリケーションを実行するには、前提条件として、別のアプリケーションやサービスが必要です。移行後は運用管理のコストをできる限り抑えるつもりです。アプリケーションの最適な移行先を 1 つ選択してください。

    A. SaaS

    B. PaaS

2

C. IaaS

D. SaaS または PaaS

解説

　移行後の運用管理のコスト面では、IaaS より、SaaS や PaaS が優れていますが、アプリケーションを実行する上で、別のアプリケーションやサービスなどのミドルウェアが必要な場合は、IaaS が必須となります。SaaS や PaaS では、ユーザーはミドルウェアを管理できません。よって、**C** が正解です。

[答] C

Q20 あなたの会社では、SaaS の電子メールシステムを採用する予定です。このとき、ユーザー側で行うべき管理作業として適切なものを 1 つ選択してください。

A. パフォーマンス管理

B. セキュリティパッチ管理

C. 障害対応管理

D. 何もいらない

解説

　SaaS は、パフォーマンス、セキュリティパッチ、障害対応などのすべての管理作業をクラウドサービスプロバイダー側に任せるのが特徴です。そのため、SaaS の多くのサービスでは、ユーザーは画面の色を変えるなどの簡単なカスタマイズしか行いません。よって、**D** が正解です。

[答] D

第 3 章

Azure のアーキテクチャと サービス

Azure では、仮想マシンやストレージ、ネットワークなどの多種多様なサービスが提供されています。ユーザーは、これらのサービスを選択し、組み合わせることで、新しいシステムを素早くかつ容易に開発することができます。

3.1 Azure の コアコンポーネント

　Azure のアーキテクチャをあらかじめ把握しておくと、Azure のサービスへの理解が深まります。本章では、まず、Azure のコアコンポーネント（中核となるコンポーネント）であるサブスクリプション、リソース、リソースグループなどを学習します。

Azure サブスクリプション

　初めて Azure を使用する場合は、まず、専用の Web サイト（https://azure.microsoft.com/ja-jp/free/）よりサインアップを行い、**Azure サブスクリプション**（以下、**サブスクリプション**）を作成します。

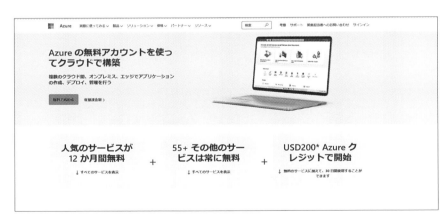

図 3.1-1　Azure のサインアップ

　サブスクリプションは、Azure のリソースを格納するためのコンテナーです。仮想マシンやストレージなどリソースは、このサブスクリプション内に格納されます。

Azure アカウント

　Azure のサインアップでは、メールアドレス、連絡先情報、クレジットカードなどの情報を指定しますが、このメールアドレスのことを **Azure アカウント**と呼びます。Azure アカウントは、サインアップで作成したサブスクリプションに対して、管理者権限を持ちます。以後、Azure の管理ツールである Azure ポータルに Azure アカウントでログインすれば、サブスクリプションのすべての管理操作が可能です。

Azure 無料アカウント

　Azure のサインアップにより、最初に作成されたサブスクリプションは、評価用の無料サブスクリプションとなります。この無料サブスクリプションが作成された Azure アカウントは、「Azure 無料アカウント」とも呼ばれます。

　Azure 無料アカウントでは、30 日のお試し期間中、無料で Azure サービスを利用できます。Azure 無料アカウントには次の特徴があります。

- 1 名につき 1 回のみ利用できる。
- すべての Azure サービスが利用できる。
- クォータ制限（P.53 参照）は変更できない。
- 30 日間使用できる 22,500 円（本書執筆時点）のクレジットを取得できる。
- 30 日が経過した後、またはクレジットを使い終わった後も、一部の無料サービスを利用できる。この他、12 か月間の無料サービスもある。
- Azure ポータルより無料アカウントを有料アカウントへアップグレードすることができる。

POINT!

Azure 無料アカウントには、特別な制限はないが、クォータ制限は変更できない。そのため、例えば仮想マシンが送受信できるデータ量には制限がないが、クォータ制限により、作成できる仮想マシンの数や Web アプリの数には上限がある。

リソース

Azure のサービスを利用するには、Azure ポータルを使用し、サブスクリプションにそのサービスの**リソース**を作成します。リソースの例としては、仮想マシン、ネットワーク、ストレージなどがあります。Azure の利用料金は、このリソースの種類や数により決定します。

リソースグループ

サブスクリプション内のリソースをグループ化する機能が**リソースグループ**です。リソースグループにより、リソースを整理し、まとめて操作することができます。例えば、複数のリソースを含むリソースグループを削除すると、そのリソースグループ内のリソースはすべて自動的に削除されます。

リソースグループの利用には、次のルールがあります。

- リソースは必ずリソースグループに含まれる。
- リソースグループには、複数のリージョン (リージョンについては、P.55 を参照) のリソースを含めることができる。
- リソースグループには、複数のサービスの種類 (例：仮想マシンとストレージ) のリソースを含めることができる。
- 1 つのリソースを複数のリソースグループに含めることはできない。
- リソースグループを別のリソースグループに含めることはできない。
- リソースグループ内に同じ種類かつ同じ名前のリソースを含めることはできない。

複数の Azure サブスクリプション

ユーザーは、必要に応じて複数のサブスクリプションを作成することもできます。複数のサブスクリプションを作成する主な理由は、次のとおりです。

▶ 支払いを分割したい、支払い方法を変更したい

Azure でリソースを作成する際には、どのサブスクリプションを使用するかを指

定します。Azure の使用料金は、リソースで使用したサブスクリプションに課金され、サブスクリプションごとにまとめて請求されます。例えば、営業部や開発部などのそれぞれ個別のサブスクリプションを用意しておけば、部門ごとの請求書が発行されるため、付け替え請求が簡単に行えます。また、**サブスクリプションごとに支払い方法（クレジットカードによる支払い、請求書による支払いなど）を変更することもできます。**

▶ リソース数の制限を緩和したい

　Azure には、「仮想マシンの合計コア数（CPU コア数）は 20 まで」、「ストレージ数は 250 まで」などの制限があります。このような制限のことを**クォータ制限**と呼びます。クォータ制限は、例えばスクリプトの不具合で大量の仮想マシンが作成されるなどして、月末に莫大な請求が発生することを防ぐ安全装置として機能します。しかし、実際には、この制限以上のリソースの作成が必要な場合もあります。その場合は、**事前申請によりクォータ制限を緩和することが可能です。**この申請は、サブスクリプション単位で行います。例えば、開発部のサブスクリプションは、テストのために仮想マシンの合計コア数を 100 に緩和することができます。なお、クォータ制限の引き上げ要求は、Azure ポータルの「ヘルプとサポート」からサポートリクエストを作成し、送信します。

▶ アクセスを分割したい

　サブスクリプションには、そのサブスクリプション全体をフルコントロールでアクセスできる**所有者**が割り当てられています。サブスクリプションが異なれば、当然、所有者も異なるため、アクセスを完全に分割できます。例えば、営業部と開発部のサブスクリプションを分離すれば、営業部の所有者が開発部のリソースを操作することはできません。

リソースのサブスクリプション間の移動

　サブスクリプション内のリソースは、いつでも別のサブスクリプションへ移動させることができます。この操作は、複数のサブスクリプションを 1 つにまとめたい場合に便利です。**サブスクリプション間でのリソースの移動は、ユーザー自身が Azure ポータルを使用して行います。**なお、仮想マシンの場合は、後述するディスクやネットワークインターフェイスなどの関連するリソースも一緒に移動させる必

要があります。

　リソースの移動には、次のような特徴があります。

- ほとんどの種類のリソースは移動が可能だが、ごく一部のリソースについては移動ができなかったり、移動に制限があったりする。
- リソースの移動中、その移動元と移動先の両方のリソースグループがロックされる。ロック中は、リソースグループでの新しいリソースの作成やリソースの削除が禁止される。
- リソースの移動中（ロック中）でも、リソースは操作できる。例えば、仮想マシンのリソースの移動中でも仮想マシンは操作可能で、ダウンタイム（稼働停止時間）は発生しない。

> **POINT!**
>
> サブスクリプション間でリソースを移動しても、ダウンタイムは発生しない。

管理レベルと階層

　ユーザーが複数のサブスクリプションを所有している場合、サブスクリプションごとに、後述するアクセス権やポリシーを設定することは大変です。そのような場合は、**管理グループ**を使用します。管理グループは、複数のサブスクリプションをまとめる機能です。管理グループでは、組織単位と呼ばれるグループを使用し、サブスクリプションを階層化（ツリー化）します。

　つまり、Azure は、図 3.1-2 のとおり、管理グループ、サブスクリプション、リソースグループ、リソースの 4 つの階層レベルを持ちます。そして、これらの階層レベルごとにアクセス権やポリシーなどを割り当てることができます。**アクセス権やポリシーは上位の階層に割り当てることで、その下位のすべての階層に反映させることができる**ので、設定の簡素化が可能です。

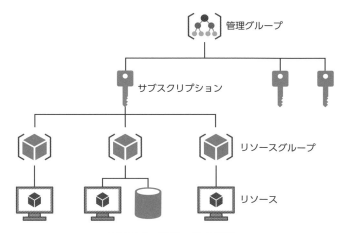

図 3.1-2　管理レベルと階層

リージョン

　Azure では、仮想マシンやストレージなどのリソース作成時に、それらを実行する場所として**リージョン**を指定します。リージョンとは、世界中に分散された Azure データセンターの地理的なグループのことをいいます。全世界に 60 以上のリージョンがあり、日本国内には、東日本と西日本の 2 つのリージョンがあります。さらにリージョン内には、データセンターが複数設置されています。例えば、東日本リージョンは東京や埼玉、西日本リージョンは大阪などに複数のデータセンターがあります。リージョンを指定して作成したリソースは、リージョン内のいずれかのデータセンターで実行されることになります。

　ユーザーと物理的に近いリージョンを使用することで、低遅延でサービスにアクセスできます。また、**リージョン内のデータセンター間も、低遅延の高速なネットワークで接続されています**。したがって、Web サーバーとデータベースサーバーなどの頻繁に通信を行うリソース同士がリージョン内の別のデータセンターで通信を実行した場合でも、同じデータセンターで実行しているのとほぼ同じネットワークパフォーマンスが提供されます。

　なお、リージョン間の通信についても、マイクロソフトの専用ネットワークであるバックボーンネットワークが使用されるため、リージョン内ほどではありませんが、非常に高速です。

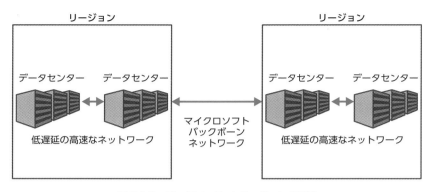

図 3.1-3　データセンターとリージョンの関係

> POINT!
>
> 低遅延の高速なネットワークで接続されたデータセンターのグループが、「リージョン」である。

リージョンペア

　Azure の各リージョンは、地理的に近い別のリージョンとペアになるようにあらかじめ設定されています。これを**リージョンペア**と呼びます。例えば、東日本リージョンと西日本リージョンはお互いリージョンペアです。リージョンペアは、障害対策の基本として活用され、一方のリージョンに障害が発生した場合、もう一方のリージョンに切り替える仕組みになっています。

表 3.1-1　代表的なリージョンペア

地理的な場所	リージョンペア A	リージョンペア B
アジア太平洋	東アジア（香港）	東南アジア（シンガポール）
ヨーロッパ	北ヨーロッパ（アイルランド）	西ヨーロッパ（オランダ）
日本	東日本	西日本
韓国	韓国中部	韓国南部
北米	米国東部	米国西部
北米	米国東部 2	米国中部
北米	米国中北部	米国中南部
北米	米国西部 2	米国中西部
北米	米国西部 3	米国東部

特殊なリージョン

現在、Azure は全世界に 60 以上のリージョンを公開していますが、それらのうち一部のリージョンは、利用者や用途が限定された特殊なリージョンです。

▶ Azure Global

Azure Global は Azure の一般的なリージョンであり、誰でも利用できます。東日本リージョンや西日本リージョンなど、多くの Azure リージョンは Azure Global です。

▶ Azure Government

米国の政府機関とそのパートナーのみが利用できる Azure リージョンが、**Azure Government** です。Azure Government は、米国の政府機関が定める高いコンプライアンスとセキュリティの要件を満たしています。州政府や地方自治体から、米国国防総省を含む連邦政府機関までのあらゆるレベルの米国の政府機関とそのパートナーは Azure Government を使用できますが、関係者以外は利用できません。

▶ Azure China

Azure の中国のリージョンが **Azure China** です。Azure China は **Azure と同等の機能を提供**しますが、マイクロソフト社が運用しておらず、**中国のインターネットプロバイダーである 21Vianet が独自に運用**しており、中国の現地法人のみが利用できます。

> **POINT!**
>
> Azure Government と Azure China は、利用者と用途が制限される。

3.2 Azure コンピューティングサービス

　ここから Azure の代表的なサービスについて学習していきます。まずは Azure コンピューティング（計算）サービスです。Azure コンピューティングサービスは、アプリケーションを実行するためのサービスであり、例として、Azure 仮想マシン、コンテナー、関数などが挙げられます。

仮想マシン

　コンピューティングサービスの 1 つである **Azure 仮想マシン**（以下、**仮想マシン**）は、実際のコンピューターのように動作する仮想のコンピューターです。Azure データセンターにある 1 台の物理サーバー上で複数のユーザーの複数台の仮想マシンを同時に実行できるため、物理サーバーを効率的に利用でき、料金も安く提供できます。仮想マシンを実行する物理サーバーのことを**仮想化ホスト**と呼び、仮想化ホストで実行される仮想マシンを制御するソフトウェアのことを**ハイパーバイザー**と呼びます。Azure では、Windows Server 用のハイパーバイザーである Hyper-V の技術が使用されています。

図 3.2-1　仮想マシンの仕組み

Azure Marketplace

　Azure では、OS の入っていない、空の仮想マシンを作成することはできません。必ず、Windows または Linux の OS を含む仮想マシンを作成します。そのため、仮想マシンの作成時、OS のイメージデータを含むテンプレートをコピーして使用します。

　テンプレートには、Azure が提供する標準テンプレートやユーザーが自作するカスタムテンプレートなどがあります。さらにサードパーティー（マイクロソフト社のパートナー企業）が提供するテンプレートもあります。サードパーティーのテンプレートには、ベースとなる OS に当該サードパーティーのアプリケーションがあらかじめ追加されています。ユーザーは、このサードパーティーのテンプレートから仮想マシンを作成することで、サードパーティーのアプリケーションを手軽に利用できます。このようなテンプレートをまとめて検索し、利用するために、**Azure Marketplace**（https://azuremarketplace.microsoft.com/marketplace/）というサイトが設けられています。Azure Marketplace では、Azure とサードパーティーのテンプレートが登録されています。

図 3.2-2　Azure Marketplace はテンプレートのカタログ

仮想マシンに必要なリソース

Azure では、仮想マシンは、1 つのリソースではなく複数のリソースで構成されています。これは、仮想マシンを削除しても、一部のリソースを使い回せるようにするための工夫です。仮想マシンの主なリソースを表 3.2-1 に示します。

表 3.2-1　仮想マシンの主なリソース

リソースの種類	説　明
仮想マシン	仮想マシンそのもののリソースである。他のリソースと関連付けが行われている。
ディスク	ディスクストレージのリソースである。ボリュームごとに用意され、ボリュームの内容を保持する。
ネットワークインターフェイス	ネットワークインターフェイス（NIC）のリソースである。NIC の MAC アドレスなどを保持する。
パブリック IP アドレス	パブリック IP アドレスのリソースである。パブリック IP アドレスを保持する。

例えば、仮想マシンを再作成する場合、仮想マシンリソースのみを削除し、残りのリソース（ディスクリソースなど）を保持しておけば、新しい仮想マシンでこれらのリソースを再利用することができます。結果として、新しい仮想マシンで、以前の仮想マシンと同じディスク、パブリック IP アドレス、および MAC アドレスを再利用することが可能です。

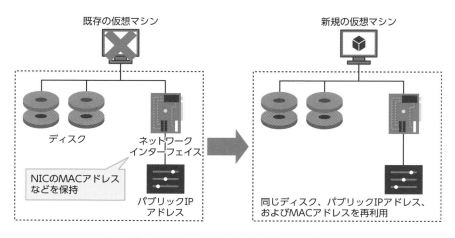

図 3.2-3　仮想マシンの再作成によるリソースの使い回し

可用性セットと可用性ゾーン

　仮想マシンで構成された IT システムの可用性を向上させるには、Web サーバーなどの同じ役割を担う仮想マシンを複数台作成することが重要です。複数台の仮想マシンを作成し、負荷分散サービス（P.82 参照）と組み合わせれば、1 台の仮想マシンが障害により停止した場合でも、サービスを提供し続けることができます。

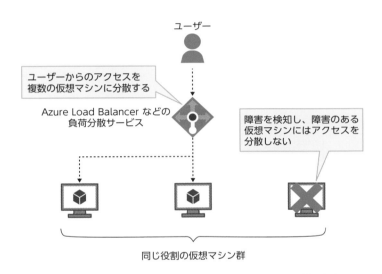

図 3.2-4　負荷分散サービスと複数の仮想マシンによる可用性の向上

　なお、停止するのは仮想マシンだけとは限りません。仮想マシンを実行する仮想化ホスト、仮想化ホストを束ねるサーバーラック、サーバーラックを束ねる Azure データセンターが障害やメンテナンスにより停止することもあります。もし、同じ役割の仮想マシン群が同じ仮想化ホストやデータセンターで実行されている場合、まとめて停止する恐れがあります。これを防ぐため、仮想マシンでは、その作成時、オプションで**可用性セット**または**可用性ゾーン**が指定できるようになっています。可用性セットと可用性ゾーンは、仮想マシンの配置場所を指定することで可用性を向上させる機能です。複数の仮想マシンをそれぞれ異なる Azure データセンター、サーバーラック、仮想化ホストに配置することで、これらの障害からシステムを守ります。なお、可用性セットと可用性ゾーンの両方を同時に指定することはできません。どちらか片方のみを指定します。

▶ 可用性セット

　Azure データセンターには、一般的なデータセンターでも同様ですが、ネットワークと電源を共有する多数のサーバーラックがあり、そのサーバーラック内に多数の仮想化ホストが収容されています。

　仮想マシンはこのような環境の上で実行されているため、データセンターのハードウェアの障害や、保守員による仮想化ホストのメンテナンスなどが発生すると、仮想マシンが停止してしまう場合があります。これを回避し、可用性を確保するには、仮想マシンを複数作成して、それぞれ別々のサーバーラックや仮想化ホストに配置することが重要です。

　可用性セットを利用すれば、仮想マシンの配置レイアウトを制御することができます。具体的には、あらかじめ以下（①および②）のパラメーターを持つ可用性セットを作成し、仮想マシンに関連付けておきます。こうすることで、複数の仮想マシンが同じサーバーラックや仮想化ホストに作成されないように Azure へ要求することができるわけです。

① 「仮想マシンをいくつのサーバーラックに分散配置するか」を決定する**障害ドメイン**

② 「仮想マシンをいくつの仮想化ホストに分散配置するか」を決定する**更新ドメイン**

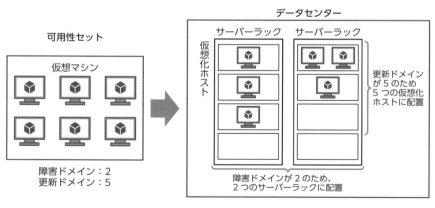

図 3.2-5　可用性セットの仕組み

> **POINT!**
>
> 一部のリージョンを除き、可用性セットにおける障害ドメインの最大値は 3、更新ドメインの最大値は 20 である。

▶ 可用性ゾーン

可用性ゾーンは可用性セットよりも簡単で、より高い可用性を提供する新しい機能です。可用性ゾーンは、あらかじめ、リージョン内のデータセンター群を地理的にグループ化し、番号を付けたものです。ユーザーは、仮想マシンを作成するときに、可用性ゾーン1、可用性ゾーン2といったように、配置される可用性ゾーンを番号で指定するだけです。それぞれの可用性ゾーンは地理的に離れており、当然ながら、サーバーラックや仮想化ホストも分離しています。そのため、1つの可用性ゾーンで障害が発生しても、他の可用性ゾーンには影響を与えません。

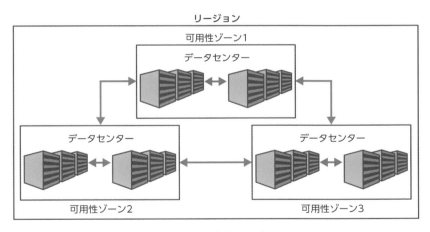

図 3.2-6　可用性ゾーンの仕組み

▶ 可用性セットと可用性ゾーンの違い

可用性セットは、複数の仮想マシンをデータセンター内の異なるサーバーラックや仮想化ホストに分散配置することで、**データセンター内で発生した障害（仮想化ホストの障害など）からシステムを保護**します。一方、可用性ゾーンは、複数の仮

想マシンを異なるデータセンターに分散配置することで、**データセンターそのもの**
の障害からシステムを保護します。

　なお、Azure のサービスの品質保証であるサービスレベル契約（Service Level
Agreement：SLA）では、可用性セットを使用した 2 台以上の仮想マシンのシステム
に対して、99.95% の稼働率（月間、約 0.4 時間以内の停止）を保証しています。同
様に、**異なる可用性ゾーンに配置された 2 台以上の仮想マシンのシステムに対して、**
99.99% の稼働率（月間、約 0.1 時間以内の停止）を保証しています。

> **POINT!**

> 可用性セットと可用性ゾーンは、どちらもデータ単位やアプリケーション単位では
> なく、仮想マシン単位で設定する。また、Windows でも Linux でも利用でき、仮
> 想マシンの OS の種類には依存しない。ただし、可用性セットよりも可用性ゾーン
> のほうが、設定が簡単で信頼性も高い。

仮想マシンスケールセット

　複数の仮想マシンをまとめて管理するサービスが、**仮想マシンスケールセット**で
す。仮想マシンスケールセットを使用すると、仮想マシンのテンプレートを指定す
るだけで、複数の仮想マシンをまとめて作成することが可能です。さらに、負荷に
応じて自動的に仮想マシンを追加または削除する**自動スケーリング**機能も用意され
ています。

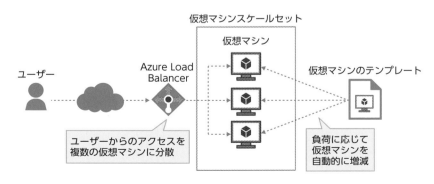

図 3.2-7　仮想マシンスケールセット

可用性セットと仮想マシンスケールセットは名前が似ているので混同しないように注意すること。可用性セットは、可用性を向上させる。一方、仮想マシンスケールセットは、スケーラビリティを向上させる。

3

コンテナー

コンテナーは、近年注目されているアプリケーションの仮想化テクノロジーです。コンテナーは仮想マシンと使い方がよく似ており、「コンテナーイメージ」と呼ばれるテンプレートからコンテナーを作成し、「コンテナーホスト」と呼ばれる仮想化ホストで実行します。ただし、仮想マシンが仮想化ホストのハードウェアを共有利用するのに対して、コンテナーは、コンテナーホストのOSを共有利用するため、コンテナー内にOSは不要です。よって、仮想マシンより、テンプレートのサイズは小さくなり、また、コンテナーの実行時のCPUやメモリなどの使用量（フットプリント）も少なくて済むというメリットがあります。

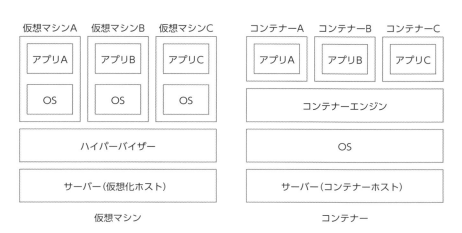

図 3.2-8　仮想マシンとコンテナーの比較

コンテナーは古くからある仮想化テクノロジーですが、使い勝手が悪かったため、あまり人気がありませんでした。しかし、オープンプラットフォームのDockerが

登場したことで、使い勝手が向上し、一気に普及しました。現在、Docker がコンテナーの事実上の標準となっています。

　Azure では、**コンピューティングサービス**として、Docker をベースとしたコンテナーの環境である、Azure Container Instances（ACI）と Azure Kubernetes Service（AKS）を提供しています。どちらのサービスも、オンプレミスで開発したコンテナーを簡単に実行できる可搬性の高いサービスです。

Azure Container Instances（ACI）

Azure Kubernetes Service（AKS）

・コンテナーを容易に実行

・　複数のコンテナーの運用効率を向上
・　オープンソースの Kubernetes を利用

図 3.2-9　コンテナーサービスの ACI と AKS

▶ Azure Container Instances（ACI）

　Azure Container Instances（ACI）は、簡単な操作で単体のコンテナーを実行するサービスであり、スケーリングや負荷分散などの複雑な機能は提供していません。比較的単純なアプリケーションの実行で利用されています。

▶ Azure Kubernetes Service（AKS）

　複数のコンテナーを実行し、スケーリングと負荷分散で連携するサービスが、Azure Kubernetes Service（AKS）です。オープンソースの Kubernetes（クバネティス）をベースにしているため、Kubernetes の経験者はすぐに AKS を活用できます。

▌ サーバーレスコンピューティング

　ユーザーが事前にサーバーを用意していなくても、必要に応じてサーバーを借りてアプリケーションを実行できる環境を**サーバーレスコンピューティング**と呼びます。

　サーバーレスコンピューティングは、実際にサーバーがないわけではなく、クラウドサービスプロバイダー側がサーバーを用意します。そのため、ユーザーはサーバーの心配をする必要がありません。Azure の代表的なサーバーレスコンピューティングには次のものがあります。

▶ Azure Functions

　Web ブラウザによる要求やスケジュールなどのアクションによって、「関数」と呼ばれる小さなプログラムを自動的に実行するサーバーレスコンピューティングの代表的なサービスです。プログラムの開発言語として、JavaScript や PowerShell、Python などが選択できます。

▶ Azure Logic Apps

　何らかのアクションによって、マイクロソフト社やサードパーティーの Web サービスを連携するワークフロー（業務の流れ）を実行します。このワークフローは「ロジックアプリ」と呼ばれます。ロジックアプリの作成にはグラフィカルな Logic Apps デザイナーを使用できるため、**プログラミングは不要です**。例えば、「Twitter で自社製品に関するツイートが投稿されたら、Microsoft 365 で関係者に電子メールを送信する」などのワークフローを簡単に作成できます。

図 3.2-10　Logic Apps デザイナーによるロジックアプリの開発

▶ Azure App Service（旧 Azure Web Apps）

　Web アプリを実行する PaaS のコンピューティングサービスです。PaaS なので、開発者は Web アプリを用意するだけでよく、その実行と管理は Azure 側で行ってくれます。これにより、開発者の負担を軽減できます。Azure App Service では、Web アプリを「インスタンス」と呼ばれる仮想マシンで実行します。このインスタンスに割り当てる CPU やメモリなどのリソースは、価格レベルを変更することで増減できます。さらに、負荷に応じてインスタンス数を自動的に増減する自動スケールも可能です。

　Azure App Service の大きな特徴として CI/CD（継続的インテグレーション／継続的デリバリー）のサポートがあります。CI/CD はアプリケーションの開発からテスト、展開までを自動化する手法であり、近年注目されています。具体的には、開発者が Web アプリを開発した後、そのソースコードをリポジトリ（保存場所）へ保存するだけで、自動的にビルドされ、Azure App Service に配置されます。つまり、CI/CD により、開発者は、簡単な操作で Web アプリに新しい機能を継続的に追加することが可能となるわけです。

▶ Azure Repos

　Azure App Service の CI/CD で利用可能なソースコードの保存およびバージョン管理を行うリポジトリ（保存場所）のサービスです。なお、ソースコードのバージョン管理ではオープンソースの Git（ギット）が広く普及しており、Azure Repos もそのまま Git を使用してソースコードを管理することができます。

■ Azure Virtual Desktop

　Azure Virtual Desktop（旧 Windows Virtual Desktop）は、クラウドで仮想デスクトップ（ユーザーごとのデスクトップ環境）を提供するコンピューティングサービスです。いつでも、どこからでもユーザー個人のデスクトップにアクセスできるため、テレワークにも適しています。

　Azure Virtual Desktop には以下の特徴があります。

- デスクトップの種類として、Windows 10、Windows 11、Windows Server を選択できる。
- デスクトップにアクセスするには、リモートデスクトップクライアントが必要

である。リモートデスクトップクライアントとしては、Windows、macOS、iOS、Android、Web がサポートされる。

- デスクトップ全体だけでなく、アプリケーションのみを仮想化し、アクセスすることもできる。

Azure Virtual Desktop のデスクトップは、仮想マシンで提供されています。この仮想マシンのことを「セッションホスト」と呼びます。なお、**1 台のセッションホストは、複数のユーザーからのデスクトップへの同時接続をサポートできる**ため、ユーザー数と同じ数の仮想マシンを作成する必要がなく、コストを削減できます。

3

図 3.2-11　Azure Virtual Desktop による Windows 11 デスクトップへの接続

3.3 Azure ネットワーキングサービス

　仮想ネットワークを中心とした Azure ネットワーキングサービスは、Azure データセンターにユーザー独自のネットワークを構築するサービスです。Azure ネットワーキングサービスでは、オンプレミスの物理ネットワークの構築で使用していたサービス（ファイアウォールやロードバランサーなど）とほぼ同じサービスを提供するため、物理ネットワークと同様に構築、管理することができます。

仮想ネットワーク

　仮想ネットワークは、主に仮想マシンを接続するためのネットワークです。**仮想マシンを作成する前に、仮想ネットワークを作成しておく必要があります**。仮想ネットワークは、リージョンごとに複数作成することができます。同一の仮想ネットワークに接続された仮想マシンは、お互い自由に通信できますが、別の仮想ネットワークに接続された仮想マシンとは通信できません。つまり、**仮想ネットワークは完全に独立したネットワーク**となります。

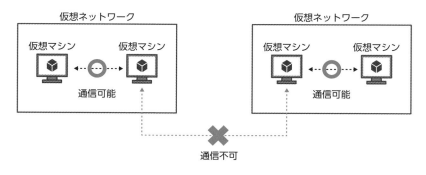

図 3.3-1　仮想ネットワークの仕組み

　仮想ネットワークには、アドレス空間も設定します。このアドレス空間は、仮想

ネットワークに接続された仮想マシンへの IP アドレスの配布用として使用されます。例えば、192.168.0.0/24 のアドレス空間を持つ仮想ネットワークに仮想マシンを接続すると、その仮想マシンは 192.168.0.4 などの IP アドレスを自動的に取得します。なお、仮想ネットワークは完全に独立しているため、**複数の仮想ネットワークを作成する場合、同じアドレス空間を使用しても構いません**。

サブネット

　仮想ネットワーク内を分離する機能が**サブネット**です。実は、仮想ネットワークには 1 つ以上のサブネットが必要で、仮想マシンは、いずれかのサブネットに配置します（前述の仮想ネットワークでは、話をシンプルにするため、あえてサブネットについて触れませんでした）。1 つの仮想ネットワークに複数のサブネットを作成すれば、サブネット間の通信をコントロールでき、サブネット内の仮想マシンがアクセスできる範囲を制限できます。なお、既定では、サブネット間の通信は制限されていません。サブネット間の通信を制限するには、次項で紹介する**ネットワークセキュリティグループ（NSG）** または **Azure Firewall** を利用します。

　例えば、1 つの仮想ネットワークに 2 階層システムを安全に構築したい場合は、Web サーバーの仮想マシンを含むフロントエンドサブネットと、データベースサーバーの仮想マシンを含むバックエンドサブネットを作成し、サブネット間の通信を制限するとよいでしょう。

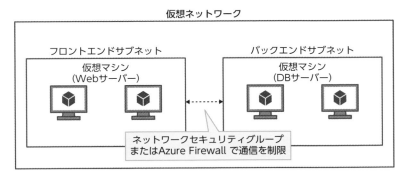

図 3.3-2　サブネットによる仮想ネットワークの分離

ネットワークセキュリティグループ（NSG）

　ネットワークセキュリティグループ（Network Security Group：**NSG**）は、仮想マシンの通信を制御するパーソナルファイアウォールです。ファイアウォールとは、コンピューター間やネットワーク間の通信をユーザーまたは管理者が設定した規則に従って許可または拒否するセキュリティ機能であり、特にパーソナルファイアウォールは、特定のコンピューターに出入りする通信だけを制限します。Windows 11 に標準で搭載されている Windows Firewall はパーソナルファイアウォールの一例です。

　ユーザーは、受信と送信のそれぞれのセキュリティ規則を記述した NSG を作成し、仮想マシンのネットワークインターフェイスに割り当てます。また、仮想ネットワークのサブネットに NSG を割り当てることで、サブネット内のすべての仮想マシンに NSG を一括で割り当てることもできます。

　NSG はリージョン内で再利用が可能です。例えば Web サーバー用など、用途ごとに NSG を作成すれば、1 つの NSG を、同じ役割の複数の仮想マシンのネットワークインターフェイスに割り当てて使用でき、管理を効率化できます。

図 3.3-3　ネットワークセキュリティグループによる通信の制限

　NSG の既定の受信と送信のセキュリティ規則は、表 3.3-1 および表 3.3-2 のようになります。セキュリティ規則には、「通信」、「アクション」、「優先度」の 3 つの要素で構成された規則が含まれます。通信とは、ポートとプロトコル、ソース（送信元）と宛先のことです。**ソースと宛先には、IP アドレスの他、後述するサービスタグやアプリケーションセキュリティグループも使用できます**。セキュリティ規則の通信と仮想マシンの実際の通信が合致した場合、アクションにより許可または拒否が決定されます。このとき、合致する規則が複数ある場合は、優先度の高い（優先度の値が小さい）規則のアクションが実行されます。

　NSG の既定のセキュリティ規則では、基本的に仮想マシンへの通信（受信）はす

べて禁止されており、仮想マシンからの通信（送信）はすべて許可されています。なお、既定のセキュリティ規則は変更や削除が行えないため、例えば Web サーバーの仮想マシンを作成してインターネットに公開する場合は、表3.3-3のような高い優先度の受信セキュリティ規則を追加する必要があります。

表 3.3-1　既定の受信セキュリティ規則

優先度	名 前	ポート	プロトコル	ソース	宛 先	アクション
65000	AllowVnet InBound	任意	任意	Virtual Network	Virtual Network	許可
65001	AllowAzureLoad BalancerInBound	任意	任意	AzureLoad Balancer	任意	許可
65500	DenyAll InBound	任意	任意	任意	任意	拒否

表 3.3-2　既定の送信セキュリティ規則

優先度	名 前	ポート	プロトコル	ソース	宛 先	アクション
65000	AllowVnet OutBound	任意	任意	Virtual Network	Virtual Network	許可
65001	AllowInternet OutBound	任意	任意	任意	Internet	許可
65500	DenyAllOutBound	任意	任意	任意	任意	拒否

表 3.3-3　Web サーバーへのアクセスを許可する受信セキュリティ規則例

優先度	名 前	ポート	プロトコル	ソース	宛 先	アクション
100	AllowWeb InBound	80	TCP	Internet	任意	許可

　NSG はステートフルファイアウォールです。ステートフルファイアウォールとは、通信のきっかけとなる行きのトラフィックのみをセキュリティ規則で許可すれば、帰りのトラフィックは自動的に許可されるものです。ステートフルファイアウォールは、作成するセキュリティ規則の数が少なくて済むため、現在、多くのファイアウォールで採用されています。

> POINT!
>
> NSG は、仮想マシンのネットワークインターフェイスまたは仮想ネットワークのサブネットに割り当てる。仮想マシンや仮想ネットワークに NSG を割り当てることはできない。

サービスタグ

　NSG のセキュリティ規則では、ソースと宛先に**サービスタグ**を使用できます。サービスタグは、インターネットや仮想ネットワークなどの抽象的なネットワーク範囲を指定できる便利な機能です。例えば、サービスタグの 1 つとして用意されている「Internet」は、具体的な指定が難しいインターネットのアドレス範囲をすべて網羅します。このタグを使用すれば、NSG でインターネットからのアクセスやインターネットへのアクセスを許可または拒否するセキュリティ規則が簡単に作成できます。

アプリケーションセキュリティグループ（ASG）

　アプリケーションセキュリティグループ（Application Security Group：**ASG**）は仮想マシンをグループ化し、それを NSG のセキュリティ規則のソースや宛先に利用できる便利な機能です。同じ役割の仮想マシンを ASG でグループ化しておけば、NSG のセキュリティ規則でまとめて指定できます。また、同じ役割の仮想マシンの追加や削除が発生した場合でも、ASG を修正するだけでよく、NSG のセキュリティ規則を修正する必要はありません。

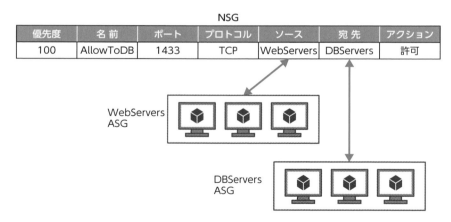

図 3.3-4　アプリケーションセキュリティグループ（ASG）による NSG のセキュリティ規則の作成

>> POINT!

NSG のセキュリティ規則のソースと宛先には、IP アドレス、サービスタグ、アプリケーションセキュリティグループを使用することができる。

Azure Firewall

Azure Firewall も NSG と同様にファイアウォールですが、Azure Firewall は「ネットワークファイアウォール」です。ネットワークファイアウォールはネットワークレベルで動作し、インターネットとの通信や仮想ネットワークのサブネット間の通信を制御します。Azure Firewall では、表 3.3-4 に示す 3 種類のルールを作成でき、アウトバウンド接続（中から外への通信）とインバウンド接続（外から中への通信）の柔軟な制御を実現します。

表 3.3-4　Azure Firewall のルールの種類

ルール	説明
ネットワークルール	IP アドレス、プロトコル、ポート番号などで**アウトバウンド接続**を制御する。
アプリケーションルール	完全修飾ドメイン名（FQDN）で**アウトバウンド接続**を制御する。
DNAT ルール	IP アドレス、プロトコル、ポート番号などで**インバウンド接続**を制御する。

Azure Firewall の導入には、若干複雑な設定が必要です。例えば、フロントエンドサブネット（Web サーバーのサブネット）とバックエンドサブネット（データベースサーバーのサブネット）を持つ仮想ネットワークからなる 2 階層システムで、Web サーバーとデータベースサーバー間の通信を制限する場合、新しくファイアウォールサブネットを作成し、ファイアウォールサブネットに Azure Firewall を導入します。ただし、このままでは仮想ネットワーク内の仮想マシンは直接通信するため、Azure Firewall を使ってくれません。そこで、仮想ネットワーク内の通信経路を自由にコントロールできる**ユーザー定義ルート**を作成して、フロントエンドサブネットからバックエンドサブネットへの通信を強制的に、Azure Firewall を経由するように変更します。同様に、バックエンドサブネットからフロントエンドサブネットへの通信も Azure Firewall を経由するように変更します。

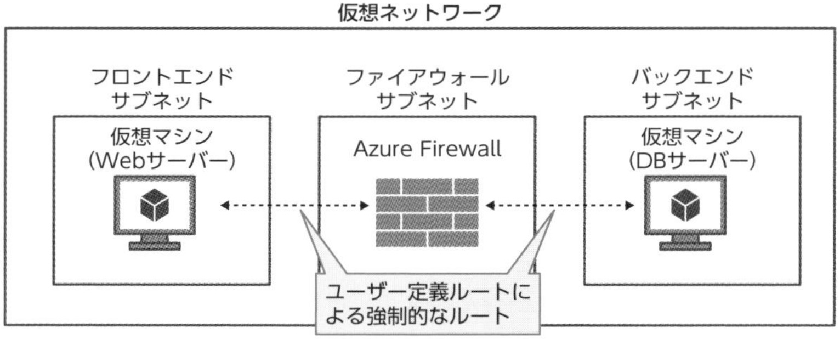

仮想ネットワーク

| フロントエンド
サブネット | ファイアウォール
サブネット | バックエンド
サブネット |

仮想マシン
（Webサーバー）

Azure Firewall

仮想マシン
（DBサーバー）

ユーザー定義ルートに
よる強制的なルート

図 3.3-5　Azure Firewall による通信の制限

ピアリング

　本来、異なる仮想ネットワークに接続された仮想マシン間は通信できません。しかし、**ピアリング**により、仮想ネットワークと仮想ネットワークを接続すれば、2つの仮想ネットワークが1つの仮想ネットワークのように動作し、異なる仮想ネットワークに接続された仮想マシン間でも通信が可能となります。

　なお、このピアリングは、異なるリージョンの仮想ネットワーク間でも接続可能です。これを**グローバルピアリング**と呼びます。

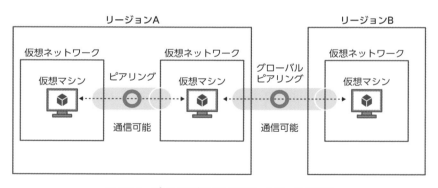

図 3.3-6　ピアリングによる仮想ネットワークの接続

サイト間接続

　仮想ネットワークを社内ネットワークなどのオンプレミスのネットワークに接続することもできます。これを**サイト間 (S2S：Site-to-Site) 接続**と呼びます。サイト間接続は、インターネットを介した VPN（Virtual Private Network）です。サイト間接続により、オンプレミスネットワークを仮想ネットワークに拡張し、社内コンピューターと仮想マシンが自由に通信できます。

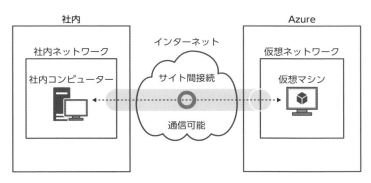

図 3.3-7　サイト間接続による仮想ネットワークとオンプレミスネットワークの接続

サイト間接続の設定手順

　前述のように、サイト間接続は、インターネットを介した VPN によって実現されます。VPN では、双方のネットワークに VPN 装置を導入し、透過的な暗号化を行うことで、2 つのネットワークをあたかも 1 つのネットワークのように見せかけます。サイト間接続を行うには、仮想ネットワークとオンプレミスネットワークにおいて、それぞれの VPN 装置の準備が必要です。その手順を以下に示します。

① **仮想ネットワークにゲートウェイサブネットを作成**
　仮想ネットワークに、新しいサブネットとして**ゲートウェイサブネット**を作成します。このサブネットは、次の手順②で使用します。

② **ゲートウェイサブネットに仮想ネットワークゲートウェイを作成**
仮想ネットワークゲートウェイ（VPN ゲートウェイ）は、Azure のリソースであり、ソフトウェアベースの VPN 装置として機能します。仮想ネットワークゲートウェイはゲートウェイサブネットにのみ作成できます。

③ **オンプレミスネットワークに VPN デバイスを導入**
社内ネットワークなどのオンプレミスネットワークには、**VPN デバイス**を導入します。VPN デバイスは、ハードウェアベースまたはソフトウェアベースの VPN 装置です。さまざまなネットワークベンダーより、Azure に対応した VPN デバイスが発売されています。

④ **ローカルネットワークゲートウェイを作成**
ローカルネットワークゲートウェイは、Azure のリソースであり、ローカルネットワークのアドレス情報を記録します。具体的には、オンプレミスネットワークのアドレス範囲や、VPN デバイスの IP アドレスなどを指定します。

⑤ **仮想ネットワークゲートウェイとローカルネットワークゲートウェイを接続**
Azure のリソースである仮想ネットワークゲートウェイとローカルネットワークゲートウェイの関連付けをします。

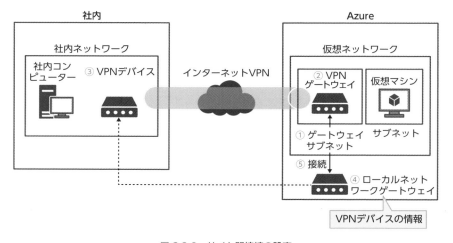

図 3.3-8　サイト間接続の設定

Azure ExpressRoute

仮想ネットワークとオンプレミスネットワークを接続するもう 1 つの方法として、**Azure ExpressRoute** の利用が挙げられます。前述のサイト間接続では、その接続にインターネット VPN を使用していましたが、インターネット VPN はインターネットを利用するため「通信品質や通信速度が保証されていない」、「組織のコンプライアンスでインターネットが禁止されている場合は採用できない」などの問題が発生することがあります。Azure ExpressRoute では、**OSI レイヤ 3 のネットワーク層**としてインターネットの代わりにプライベートな専用線を使用するため、このようなサイト間接続の問題を解消できます。Azure ExpressRoute には次の特徴があります。

- 通信事業者が提供する専用回線や WAN 回線を使用できる。
- 経路制御には BGP（Border Gateway Protocol）を使用する。
- 複数の回線を用意することで冗長性を向上できる。

ポイント対サイト接続

インターネット経由で単体のコンピューターを仮想ネットワークへ接続することもできます。これを**ポイント対サイト（P2S：Point-to-Site）接続**と呼びます。ポイント対サイト接続により、自宅や出張先のホテルでコンピューターを仮想ネットワークへ接続し、その仮想ネットワーク上のサービスを利用したり、仮想マシンをリモートメンテナンスしたりすることが可能となります。なお、この機能は VPN ゲートウェイのオプションとして用意されています。

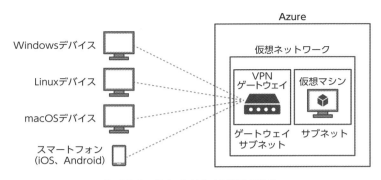

図 3.3-9　ポイント対サイト接続の構成

Azure DNS

　コンピューターが他のコンピューターと通信する際、そのコンピューターの宛先を識別するために IP アドレスを使用しますが、IP アドレスは単なる数字なので、覚えづらく間違いやすいという欠点があります。そこで、宛先には「ric.co.jp」のようなドメイン名を使用して、内部的に IP アドレスに変換します。これを「名前解決」と呼びます。名前解決を行うには、別途、DNS（Domain Name System）が必要です。

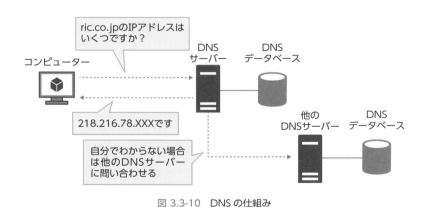

図 3.3-10　DNS の仕組み

　Azure の仮想ネットワークでも名前解決の考え方は同じです。仮想ネットワークの名前解決では、表 3.3-5 に示す 3 種類の DNS が利用可能です。

表 3.3-5　仮想ネットワークで利用可能な DNS

DNS の種類	説　明
Azure で提供される名前解決	標準で提供される基本的な DNS 機能
独自の DNS サーバー	仮想マシンに DNS ソフトウェアをインストールした DNS サーバー
Azure DNS	Azure のマネージドな DNS サービス

　仮想ネットワークの既定の DNS は、「Azure で提供される名前解決」です。これは無償で利用できますが、提供される機能は、仮想ネットワーク内の仮想マシンの名前解決のみであり、例えば、独自のレコードを追加するなどの設定は一切できません。「独自の DNS サーバー」であれば、自由に DNS を設定できますが、仮想マシンと DNS ソフトウェアで構成される DNS サーバーをユーザー自身で管理する必要があります。**Azure DNS** は、マネージドな DNS サービスです。マネージドサービスとは、運用管理をユーザーではなく Azure が行うサービスのことです。つまり、Azure DNS を使用すれば、ユーザーは、DNS サーバーを管理することなく、自由に DNS を設定することができます。

パブリックエンドポイントとプライベートエンドポイント

　エンドポイントとは、Azure の各サービスへアクセスするためのアドレスのことです。エンドポイントには、インターネットからアクセス可能な**パブリックエンドポイント**と、仮想ネットワーク内のみからアクセスできる**プライベートエンドポイント**があります。

▶ パブリックエンドポイント

　Azure の多くのサービスは、インターネットからアクセスするため、パブリックエンドポイントを持ちます。例えば、ストレージへアクセスするためのパブリックエンドポイントは、http://< ストレージ名 >.blob.core.windows.net/ です。

▶ プライベートエンドポイント

　インターネットからのアクセスを禁止し、仮想ネットワーク内からのアクセスのみを許可するには、プライベートエンドポイントを作成します。プライベートエンドポイントにより、サービスを非公開とし、より安全にサービスへアクセスできま

す。例えば、特定の仮想マシンのアプリケーションからのみストレージへアクセスしたい場合は、プライベートエンドポイントを作成します。

負荷分散サービス

ユーザーからの大量のリクエストは、複数の仮想マシンを用意して分散処理することで対応でき、またスケーラビリティを向上させることができます。Azure には、仮想マシンと連携して負荷分散を提供するサービスとして、表 3.3-6 の 3 種類が用意されています。

表 3.3-6　負荷分散サービス

負荷分散サービス	説 明
Azure Load Balancer	IP アドレス、プロトコル、ポート番号などを使用して負荷をリージョン内で分散する汎用的な負荷分散サービス。
Azure Application Gateway	URL を使用して HTTP および HTTPS の負荷をリージョン内で分散する Web 専用の負荷分散サービス。
Azure Traffic Manager	DNS を使用して負荷をリージョン内またはリージョン間で分散するサービス。主に Azure Load Balancer や Azure Application Gateway と組み合わせて、複数のリージョンにまたがる負荷分散サービスを提供する。

>> POINT!

Web の負荷分散は、Azure の 3 つの負荷分散サービスのいずれでも実現可能だが、Web の負荷分散に適した機能を多く有しているのは、Azure Application Gateway である。

3.4 Azure ストレージサービス

Azure ストレージサービスは、ユーザーやアプリケーションに大容量データの安全な保管場所を提供します。Azure ストレージサービスの代表例が Azure Storage です。

Azure Storage

Azure Storage は、クラウドストレージサービスです。インターネット上にファイルを保存し、それを共有できます。

Azure Storage を使用するには、最初にストレージアカウントを作成します。 ストレージアカウントの作成時には、この後に紹介する「種類」と「冗長オプション」が選択でき、選択内容によってパフォーマンスや信頼性、価格などが決定します。**1 つのストレージアカウントで、最大 5PB（PB はペタバイト、TB の 1,024 倍）までのデータを格納でき、1 つ 1 つのデータの最大サイズは無制限となっています。**

ストレージアカウントの種類

ストレージアカウントの作成時に、ストレージアカウントの種類を指定します。ストレージアカウントの種類により、格納できるデータの種類および格納先のメディアが異なります。

表 3.4-1　ストレージアカウントの種類

ストレージアカウントの種類	格納できるデータの種類	格納先のメディア
Standard 汎用 v2	BLOB（ブロック BLOB とページ BLOB）、ファイル共有、テーブル、キューを格納できる。	HDD
Premium ブロック BLOB	ブロック BLOB のみをサポートする。	SSD
Premium ページ BLOB	ページ BLOB のみをサポートする。	SSD
Premium ファイル共有	ファイル共有のみをサポートする。	SSD

>> POINT!

ストレージアカウントの種類で、「Standard」と付くものは、Azure データセンター内では HDD（ハードディスクドライブ）に保存され、「Premium」と付くものは、SSD（ソリッドステートドライブ）に保存されている。

ストレージアカウントに格納できるデータ

　表 3.4-1 に示したとおり、ストレージアカウントでは、ストレージアカウントの種類により、次の 4 種類のデータのいずれかを格納することができます。

▶ BLOB

　BLOB（Azure Blob Storage）は、Binary Large Object（バイナリ形式の大きなオブジェクト）の略で、テキストファイルから動画や画像ファイル、アプリケーションファイルに至るまで、あらゆる種類のファイルを格納し、HTTP（Hypertext Transfer Protocol）経由でアクセスできるストレージです。

　さらに BLOB には、ブロック BLOB、ページ BLOB、追加 BLOB の 3 種類があります。

表 3.4-2　BLOB の種類

BLOB の種類	説 明
ブロック BLOB	大量のデータを効率的にアップロードするために最適化されている。低コストのため、一般的なドキュメントやマルチメディアデータの格納など多岐にわたり使用される。
ページ BLOB	ランダムな読み取りと書き込みの操作用に最適化されている。例えば、仮想マシンを構成する OS ディスクやデータディスクの格納に使用される。
追加 BLOB	追加操作に最適化されたブロック BLOB。既存のデータの更新と削除はサポートされない。例えば、ログファイルや契約書ドキュメントなど改ざんの脅威から保護したいデータの格納に使用される。

▶ ファイル共有

　ファイル共有は別名、Azure Files と呼ばれ、ストレージアカウントに共有フォルダを作成し、ファイルサーバーの代わりとして利用できます。この共有フォルダへのアクセスには、Windows の SMB（Server Message Block）プロトコル、または Linux や macOS の NFS（Network File System）プロトコルがサポートされています。

▶ テーブル

　テーブルは別名、Azure Table Storage と呼ばれ、キーと値で構成された簡単なデータを保存します。データの保存に、データベースなどの大掛かりな仕組みを導入したくないアプリケーションで使用します。なお、Azure には、より高機能なテーブルサービスとして、Azure Cosmos DB も用意されています。

▶ キュー

　キューは別名、Azure Queue Storage と呼ばれ、アプリケーションのデータ（メッセージ）を一時的に保存する場所「メッセージキュー」を提供します。例えば、アプリケーション A がデータをキューに保存し、アプリケーション B がキューから当該データを取り出します。キューにより、アプリケーション同士が直接やり取りしなくてもデータ交換が可能となり、アプリケーション開発が容易になります。なお、Azure には、より高機能なメッセージキューサービスとして、Azure Service Bus も用意されています。

ストレージアカウントの冗長オプション

　ストレージアカウントでは、表 3.4-3 に示す冗長オプションも指定可能です。この
オプションにより、格納したデータをディスクやデータセンター、さらにリージョ
ンの障害から保護することができ、ストレージの信頼性を向上できます。

表 3.4-3　主な冗長オプション

冗長オプション	説 明
ローカル冗長ストレージ (LRS)（既定）	リージョン内の**同一のデータセンター**に、**データを 3 重に複製**し、ディスクの障害からデータを守る。
ゾーン冗長ストレージ (ZRS)	**可用性ゾーン**を意識したリージョン内の異なるデータセンターに、データを 3 重に複製し、データセンターの障害からデータを守る。
geo 冗長ストレージ (GRS)	リージョンとリージョンペアでそれぞれローカル冗長を行い（**合計でデータを 6 重に複製**）、リージョンの障害からデータを守る。
geo ゾーン冗長ストレージ (GZRS)	リージョンはゾーン冗長、リージョンペアはローカル冗長を行い（合計でデータを 6 重に複製）、リージョンの障害からデータを守る。

　なお、どの冗長オプションを利用できるかは、ストレージアカウントの種類によっ
て変わります。例えば、Standard 汎用 v2 は、LRS、ZRS、GRS、GZRS の 4 つの冗長
オプションすべてを利用できますが、**Premium ブロック BLOB は、LRS または ZRS
のどちらかの冗長オプションしか利用できません**。

> **POINT!**
>
> ストレージの信頼性は、LRS、ZRS、GRS、GZRS の順番で高くなるが、コストもこ
> の順番で高くなる。そのため、信頼性とコストのバランスを考えて最適な冗長オプ
> ションを選択することが重要である。

ブロック BLOB のアクセス層

　ストレージアカウントへの大容量のデータの保存には、低コストという点で、ブ
ロック BLOB が適しています。さらに、ブロック BLOB では、アクセス層を指定す
ることで、よりコストを軽減できます。アクセス層とは、ストレージアカウントご

とまたはデータ（オブジェクト）ごとに、そのアクセス頻度に合わせて、適切なホット、クール、アーカイブを指定することでコストを軽減できる機能です。アクセス層には以下の特徴があります。

- **ストレージアカウントの種類が Standard の場合のみ、アクセス層を使用できる（Premium では使用できない）。**
- ホットは、頻繁にアクセスされるデータに最適。
- クールは、アクセスされる頻度は低いものの、少なくとも 30 日以上保管されるデータに最適。
- アーカイブは、ほとんどアクセスされず、少なくとも 180 日以上保管されるデータに最適。
- アーカイブはデータごとに指定する。**ストレージアカウントごとには指定できない。**

　例えば、1TB のデータをブロック BLOB に保存し、全くアクセスをしない場合、月額料金の概算は、アクセス層がホットで約 3,000 円、クールで約 1,600 円、アーカイブで約 300 円となります（2022 年 11 月現在、東日本リージョンを利用した場合）。

> **POINT!**
>
> アーカイブのデータを取り出すには、いったん、ホットまたはクールへ変更する操作が必要である。これを**リハイドレート**と呼び、変更するための時間と追加のコストが発生する。

データ操作ツール

　Azure は、オンプレミスのファイルサーバーとストレージアカウント間や、ストレージアカウント間でファイルを簡単に操作するために、AzCopy と Azure Storage Explorer を無償で提供しています。

▶ AzCopy

　AzCopy は、ストレージアカウントに対応したコピーコマンドです。AzCopy を

使用すると、オンプレミスのファイルをストレージアカウントへコピーしたり、ストレージアカウント間でファイルをコピーしたりすることができます。その使い勝手は、コピーコマンドとほぼ同じです。AzCopy は、Windows、macOS、Linux 用が提供されており、任意のコンピューターにインストールし、使用することができます。

▶ Azure Storage Explorer

AzCopy のグラフィカルアプリケーションが **Azure Storage Explorer** です。Azure Storage Explorer は、Windows のファイルエクスプローラーと似た操作画面から、ストレージアカウントに接続し、ファイルのアップロードやダウンロードなどを簡単に行うことができます。Azure Storage Explorer は、Windows、macOS、Linux 用が提供されています。

図 3.4-1　Azure Storage Explorer

データ同期サービス

「ファイルを自動的に同期する」、「オフラインでファイルを転送する」など、オンプレミスのファイルサーバーとストレージアカウント間でより高度なデータ操作が要求される場合は、Azure のデータ同期サービスを利用します。

▶ Azure File Sync

Azure File Sync は、Azure Storage のファイル共有（Azure Files）とオンプレ
ミスの Windows Server のフォルダを双方向で同期するサービスです。Azure File
Sync は、Azure Storage の 1 つのファイル共有に対して、複数の Windows Server
のフォルダを同期することも可能です。例えば、東京の Windows Server のフォ
ルダにファイルをコピーすると、Azure Storage のファイル共有を介して、大阪の
Windows Server のフォルダにもファイルがコピーされるといった使い方が可能と
なり、日本各地にあるオンプレミスの Windows Server のフォルダを同じ内容に維
持することができます。また、すべてのファイルを Azure Storage のファイル共有
のみに保存し、Windows Server をキャッシュサーバーとして使用することもできま
す。

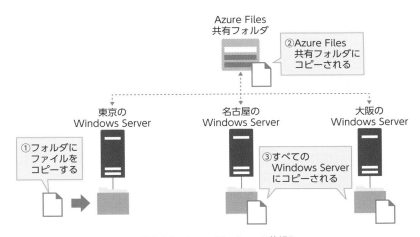

図 3.4-2　Azure File Sync の仕組み

▶ Azure Data Box

オンプレミスとストレージアカウント間のデータ操作ツールとして AzCopy や
Azure Storage Explorer を紹介しましたが、これらのデータ操作ツールはインター
ネット経由でデータを交換するため、インターネット回線が混雑している場合や
データサイズが巨大な場合は、完了まで長時間待たされる恐れがあります。

迅速なデータ転送が要求されるときには、**Azure Data Box** を利用します。Azure
Data Box は、物理的なディスクデバイスを使用して、オフラインでデータを転送し

ます。例えば、オンプレミスからストレージアカウントへデータを送信する場合、Azure Data Box では、貸し出されたディスクデバイスにデータをコピーし、ディスクデバイスを宅配便で Azure データセンターへ発送するだけで完了します。

Data Box

・100TBのデバイス
・1Gbpsまたは10Gbpsの
　ネットワークインターフェイス

Data Box Disk

・8TBのSSD
・最大5パックで提供
　（40TB）
・USB/SATA
　インターフェイス

Data Box Heavy

・1PBのデバイス
・40Gbpsのネットワーク
　インターフェイス

図 3.4-3　主な Azure Data Box ファミリー

▶ Azure Migrate

Azure Migrate は、オンプレミスのサーバー、データベース、Web アプリを Azure へ移行するサービスです。例えば、Azure Migrate によりオンプレミスの物理サーバーや Hyper-V の仮想マシン、VMware の仮想マシンなどを Azure 仮想マシンへワンクリックで移行したり、オンプレミスの SQL Server をマネージドな Azure SQL Database へ移行したりすることができます。

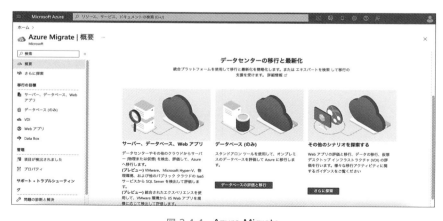

図 3.4-4　Azure Migrate

3.5 Azure の ID 管理

3

　一般的に特定のユーザーだけがアプリケーションやデータにアクセスできるようにするには、認証と承認を行う ID サービスが必要です。

　オンプレミスでは、ID サービスとして、Microsoft Active Directory（Active Directory Domain Services：AD DS）が長く利用され、社内のファイルサーバーやプリントサーバーへのアクセスを管理していました。クラウドでは、Azure Active Directory（Azure AD）がこの役割を引き継ぎ、インターネット上のクラウドアプリケーションとデータのアクセスを管理します。

認証と承認の概念

　まず、ID サービスの基本となる認証と承認について整理します。

▶ 認証

　「自分が誰であるか」を証明する手続きを**認証**と呼びます。認証の例としては、ユーザー名とパスワードの資格情報を使用した「サインイン」があります。

▶ 承認

　「自分に何ができるか」を確認する手続きを**承認**と呼びます。承認の例としては、サインインの資格情報と、操作可能な範囲を示すアクセスコントロールリスト（Access Control List：ACL）を照らし合わせる「アクセス可否の判断」があります。

認 証

・「自分が誰であるか」を証明する手続き
・サインイン

承 認

・「自分に何ができるか」を確認する手続き
・アクセス可否の判断

図 3.5-1　認証と承認

Azure Active Directory（Azure AD）

　クラウドアプリケーションに認証と承認の枠組みを提供するサービスが、**Azure Active Directory（Azure AD）**です。ユーザーは Azure AD に一度サインインすれば、資格情報の代わりとなる**セキュリティトークン**を取得できます。そして、対応するすべてのクラウドアプリケーションへセキュリティトークンを渡すことで、以降は個別にサインインせずに利用できます。これを**シングルサインオン**と呼びます。現在、Microsoft 365 をはじめ、Salesforce や Google などの多くのクラウドアプリケーションが Azure AD に対応し、シングルサインオンを実現しています。

　なお、Azure の管理ツールである Azure ポータルも、Azure AD に対応したクラウドアプリケーションとして、シングルサインオンを実現できます。

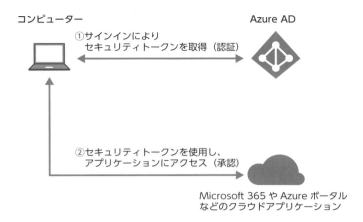

図 3.5-2　Azure AD による認証と承認

Azure AD には次の特徴があります。

- Azure AD は無料で利用できる。ただし、利用する機能によっては、ユーザーごとに有料のライセンスを購入する必要がある。有料のライセンスには、Azure AD Premium や Microsoft 365 があり、**1 名のユーザーに、これらの複数のライセンスを割り当てることもできる。**
- Azure AD は、Windows Server が提供する Active Directory Domain Services（AD DS）と同期はできるが、直接的な関係はない。よって、Azure AD では、Active Directory ドメインコントローラー（Windows Server で構築する AD DS のサーバー）を用意する必要はない。
- **Azure AD では、グループポリシーは提供されない。**グループポリシーとは、ユーザーとコンピューターの設定を一元管理する AD DS の機能であり、オンプレミス環境では広く普及している。同様の機能をクラウドで利用したい場合は、別途 Microsoft Intune を導入する必要がある。

Azure AD の設定手順

Azure AD を利用するには、まず、Azure AD のデータベースである Azure AD テナントを作成し、次にそのテナントにユーザーやデバイスを作成した上で、サブスクリプションに関連付けします。以下に、その手順を紹介します。

▶ Azure AD を利用するための手順

（1）Azure AD のデータベースである Azure AD テナントを作成する。Azure AD テナントは、無償でいくつでも作成できる。

（2）Azure AD テナントにユーザーやデバイスを作成する。また、これらを束ねるグループを作成することもできる。

- ユーザー

　　Azure AD テナントにユーザーを作成し、そのユーザーでサインインすれば、Azure AD に対応しているクラウドアプリケーションが利用できます。

- グループ

　　ユーザーを束ねたい場合、グループを作成します。Azure のアクセス権は、ユーザーだけでなくグループにも割り当てられるため、まとめてアクセス権を割り当てる場合、グループが便利です。なお、**ユーザーのプロパティなどを条件として、メンバーが決定する動的グループ**もサポートされています。

> **》》POINT!**
>
> ユーザーを束ねるにはグループを使用する。リソースグループは使用できない。

- デバイス

　　Azure AD テナントには、Windows、macOS、iOS、Android のデバイスを作成することもできます。これらのデバイスはユーザーに紐付けて管理でき、例えば、紐付けられたデバイス以外からユーザーが Azure AD へサインインできないように制限をかけることが可能です。

（3）Azure AD テナントにサブスクリプションを関連付ける。この関連付けにより、サブスクリプションへのアクセス権を Azure AD テナントのユーザーに割り当てることができる。なお、1 つの Azure AD テナントに複数のサブスクリプションを関連付けることもできるが、1 つのサブスクリプションを複数の Azure AD テナントに関連付けることはできない。

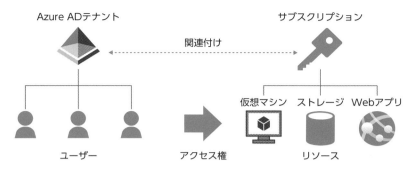

図 3.5-3　Azure AD テナントとサブスクリプションの関連付け

デバイスの作成

　Azure AD テナントにデバイスを作成するには、Azure ポータルから操作するのではなく、作成するデバイスから操作を行います。表 3.5-1 の作成方法がサポートされていますが、どの方法を選択するかは、使用するデバイスの種類や環境によって異なります。

表 3.5-1　デバイスの作成方法

作成方法	説 明	デバイスの種類
Azure AD 登録	個人所有のデバイスを作成する。	Windows 10 以降、macOS、iOS、Android
Azure AD 参加	組織で管理される Windows 10 以降のデバイスを作成する。	Windows 10 以降
ハイブリッド Azure AD 参加	組織で管理され、(オンプレミスの) Active Directory に参加しているデバイスを作成する。	Windows 10 以降

>> POINT!

Azure AD 登録と Azure AD 参加を区別すること。Azure AD 登録は、どの種類のデバイスでも作成が可能であるが、Azure AD 参加は Windows 10 以降のみで作成が可能である。

Azure AD 外部 ID

　例えば、A 社と B 社があり、それぞれ別々のサブスクリプションとそれに紐付けられた Azure AD テナントを用意しているとします。A 社のサブスクリプションを A 社のユーザーが使用するには、A 社の Azure AD テナントに A 社のユーザーアカウントを登録し、A 社のサブスクリプションでアクセス権を割り当てます。では、B 社のユーザーが A 社のサブスクリプションを利用するにはどうしたらよいでしょうか？これには 2 つの方法があります。

　1 つめは、A 社の Azure AD テナントに B 社のユーザーアカウントを登録し、A 社のサブスクリプションでアクセス権を割り当てる方法です。しかし、社外ユーザーの登録は、A 社のセキュリティレベルを低下させたり、管理の負荷を増大させる恐れがあります。

　2 つめは、**Azure AD 外部 ID** を使用する方法です。Azure AD 外部 ID には、Azure AD B2B と Azure AD B2C の 2 種類があります。Azure AD B2B では、B 社の Azure AD テナントのユーザーアカウントに、A 社のサブスクリプションへのアクセス権を割り当てることができます。一方、Azure AD B2C では、B 社のユーザーが日常で使用している Google アカウントや Facebook アカウントなどの一般的なソーシャルアカウントに、A 社のサブスクリプションへのアクセス権を割り当てることができます。どちらの場合でも、B 社のユーザーは日頃から使い慣れているユーザーアカウントが利用でき、A 社では、外部ユーザーアカウントを登録する必要がなく、管理の負荷を軽減できます。

多要素認証

　Azure AD の標準の認証は、ユーザー名とパスワードの組み合わせによるサインインで行われています。しかし、この認証では、ユーザー名とパスワードが盗み取られた場合に、成りすましの被害にあう危険性があります。そのため、管理者などの重要なユーザーには、オプションの**多要素認証 (MFA：Multi-Factor Authentication)** を有効化することが推奨されています。

　多要素認証では、ユーザー名とパスワードのような「知っていること」とは別に、「持っているもの（例：携帯電話）」や「本人自身（例：顔認証、指紋認証）」などの複数の要素（多要素）を利用して認証を行います。具体例として、ユーザー名とパスワードの入力が完了すると、事前にユーザーに関連付けられていた番号の携帯電話

が鳴り、音声ガイダンスが流れます。その音声ガイダンスに従って、#（シャープ）を押すと、初めてサインインが完了します。これであれば、ユーザー名とパスワードが盗まれても、携帯電話が物理的に盗まれない限り、成りすましは防げます。この例のような音声通話による多要素認証以外にも、Azure AD では、**スマートフォンのアプリ（Microsoft Authenticator）や SMS、Windows Hello（Microsoft Passport を含む）による多要素認証をサポート**しています。

多要素認証は、管理者および非管理者アカウントで簡単に有効化でき、導入にあたって事前の準備は不要です。

図 3.5-4　Microsoft Authenticator

パスワードレス認証

多要素認証をよりシンプルにした新しい認証方法が**パスワードレス認証**です。パスワードレス認証では、ユーザーはパスワードを全く使わず、スマートフォンのアプリ（Microsoft Authenticator）や専用デバイスだけで Azure AD へのサインインが

可能となります。

条件付きアクセス

条件付きアクセスは、Azure AD へのサインインに条件を追加してセキュリティをより強化する機能です。例えば、Azure の管理者が Azure ポータルを使用する場合のみ多要素認証を強制する、**最新のパッチが適用されていないデバイスからの Azure ポータルへのアクセスを禁止する**、iPhone や Android デバイスからの Azure AD へのサインインを禁止するなどの条件が追加可能です。

Azure AD Domain Services（Azure AD DS）

オンプレミスにおける認証と承認のサービスとして、多くの企業では、Windows Server が提供する **Active Directory Domain Services（AD DS）**を長く利用してきました。今後も AD DS 対応のアプリケーションをクラウドで利用したい場合は、クラウドに AD DS を導入する必要があります。Azure に AD DS を導入する方法は 2 つあります。1 つめの方法は、Windows Server の仮想マシンを作成し、ドメインコントローラーとして構成することです。ただし、この場合、ドメインコントローラーの管理はユーザー側で行う必要があります。2 つめの方法は、**Azure AD Domain Services（Azure AD DS）**を利用することです。Azure AD DS は、マネージドなドメインコントローラーサービスなので、簡単に展開でき、管理も不要です。

> **》》POINT!**
>
> クラウドの認証と承認のサービスが Azure AD、オンプレミスの認証と承認のサービスが Active Directory Domain Services（AD DS）、クラウドに AD DS のサーバーであるドメインコントローラーを展開するマネージドサービスが Azure AD Domain Services（Azure AD DS）である。名前が似ているので、しっかり区別して覚えること。

3.6 Azure のアクセス管理

Azure リソースへのアクセス権は、Azure AD でサインインしたユーザーに対し、所有者、作成者、閲覧者などのロール（役割）ベースで割り当てます。ユーザーごとに適切なロールを割り当てることで、Azure を安全に運用することができます。

ロールベースのアクセス制御（RBAC）ロール

Azure で、「仮想マシンを作成できる」、「ストレージアカウントを操作できる」などのリソースへのアクセス権は、**RBAC（Role Based Access Control）ロール**と呼ばれます。RBAC ロールは、あらかじめ用意されている組み込みロールを使って、ユーザーやグループに割り当てます。

表 3.6-1　代表的な組み込みロール

組み込みロール	説　明
所有者	リソースを管理するためのフルアクセスができ、さらに他のユーザーに RBAC ロールを割り当てることができる。
共同作成者	リソースを管理するためのフルアクセスができる。ただし、他のユーザーに RBAC ロールを割り当てることはできない。
閲覧者	すべてのリソースとその設定を表示することはできるが、変更はできない。

もし、**ユーザーが思い描いた適切な組み込みロールが見つからない場合は、ユーザー自身で任意のアクセス権を指定し、カスタムロールを作成できます。**カスタムロールであれば、仮想マシンの開始と停止のみを許可するなど、組み込みロールにはない、きめ細かなアクセス制御が可能です。

Azure AD ロール

　前述の RBAC ロールでは、仮想マシンやストレージアカウントなどの Azure リソースへのアクセス権を割り当てることができますが、Azure AD へのアクセス権を割り当てることはできません。 Azure AD へのアクセス権は、RBAC ロールとは別の **Azure AD ロール**で割り当てます。つまり、Azure AD ロールは、Azure AD の管理に特化したアクセス権です。

表 3.6-2　代表的な Azure AD ロール

Azure AD ロール	説 明
全体管理者	Azure AD を管理するためのフルアクセスができる。
ユーザー管理者	ユーザーとグループを管理できる。
パスワード管理者	ユーザーのパスワードをリセットできる。

>> POINT!

Azure のアクセス権は、RBAC ロールと Azure AD ロールの 2 種類がある。仮想マシンやストレージアカウントなどの Azure リソースの管理には RBAC ロールを使用し、ユーザーやグループの管理には Azure AD ロールを使用する。

3

3.7　Azure のセキュリティ管理

　Azure は、インターネットを介して世界中のどこからでもアクセス可能なクラウドサービスなので、セキュリティ管理が特に重要です。今日の Azure のセキュリティ管理では、従来型の対策である「多層防御」と新しい対策である「ゼロトラスト」の両方のセキュリティ対策を行います。

多層防御

　Azure のセキュリティ対策の基本は、**多層防御**（Defense in depth）です。多層防御とは、図 3.7-1 のように IT システムを複数の層（レイヤ）に分けて、層ごとにセキュリティ対策を行う方法です。多層防御により、特定の層のセキュリティ対策が破られたとしても、別の層で防御することができ、より強靭な IT システムを構築できます。

図 3.7-1　多層防御

表 3.7-1　多層防御の例

層	例
物理的なセキュリティ	データセンター施設のセキュリティ対策 (カメラによる監視など) [※]
ID とアクセス	多要素認証によるユーザーの認証
境界	DDoS 対策
ネットワーク	内部ファイアウォール
コンピューティング	セキュリティパッチの適用、セキュリティオプションの見直し
アプリケーション	脆弱性のあるコードの見直し
データ	保管するデータの暗号化

[※] Azure の場合、Azure 側で行うため不要。

>> POINT!

多層防御は、物理的なセキュリティ、ID とアクセス、境界、ネットワーク、コンピューティング、アプリケーション、データの各階層で保護を行う。

ゼロトラスト

　従来のオンプレミスのセキュリティの考え方は、「インターネットなどの社外ネットワークは危険だが、社内ネットワークは、ファイアウォールなどで外部からの接続が制限されているため安全である」というものでした。しかし、テレワークの普及によって、自宅や外出先からも簡単に社内ネットワークへ接続できるようになり、社内ネットワークも安全とはいえなくなってきました。

　このような背景を受けて、近年、**ゼロトラスト**と呼ばれる概念が注目されています。これは、「社外のネットワークだけでなく、社内ネットワークも安全ではない」、「何も信頼しない」という新しいセキュリティの考え方です。

　Azure においても、従来型の多層防御に加えて、以下のようなゼロトラスト対策が推奨されています。

- データにアクセスするには、常に認証と承認を行う。
- 最小の権限のみをユーザーに割り当て、アクセスを制限する。
- 侵害を想定し、影響範囲を最小化する。また、脅威を検出できるようにする。

Microsoft Defender for Cloud

Azure のセキュリティ管理において中心的な役割を果たすサービスが、**Microsoft Defender for Cloud（旧 Azure Security Center）**です。Microsoft Defender for Cloud は、攻撃を受ける前（事前対策）と受けた後（事後対策）、および仮想マシンへの接続の保護の各セキュリティ対策を支援します。

図 3.7-2　Microsoft Defender for Cloud の概要

▶ 攻撃を受ける前の対策（事前対策）

CIS（Center for Internet Security）や NIST（National Institute of Standards and Technology）などの主要なセキュリティ規格によるベストプラクティスに従って、現在の Azure のセキュリティ体制を評価し、そのセキュリティレベルを数値化した**セキュリティスコア**を表示します。また、セキュリティスコアを上げるための推奨事項も提示します。推奨事項は、「仮想マシンでディスクの暗号化を適用する必要があります」などのようにわかりやすく表示され、ワンクリックで推奨事項を自動的に構成することもできます。また、**コンプライアンスダッシュボード**と**コンプライアンスレポート**を使用すれば、PCI DSS などの業界標準のさまざまなコンプライアンス要件を満たしているかを一目で把握することが可能です。

▶ 攻撃を受けた後の対策（事後対策）

　Microsoft Defender for Cloud は攻撃を検出し、セキュリティアラートとして管理者へ連絡します。さらに、攻撃された箇所を修復するための具体的な手順を表示してくれるので、素早い対応が可能です。

▶ 仮想マシンへの接続の保護

　Microsoft Defender for Cloud の **Just-In-Time VM アクセス**は、仮想マシンへのリモートアクセスを許可制とし、さらにアクセスできる時間の制限を行う機能です。Just-In-Time VM アクセスにより、仮想マシンに接続しない時間は通信ポートを閉じておくため、攻撃に晒される危険性を低減できます。

　Microsoft Defender for Cloud は、Azure だけでなく、オンプレミス環境や他のクラウドにも対応し、組織全体のセキュリティ管理が可能です。なお、Microsoft Defender for Cloud は Azure の基本的なセキュリティ管理は無料で利用できますが、**オンプレミス環境やマルチクラウド環境のセキュリティ管理、主要なセキュリティ規格の評価、Just-In-Time VM アクセスなどの高度な機能は有料となります。**

▌Microsoft Sentinel

　Microsoft Sentinel は、**セキュリティ情報イベント管理 (SIEM：Security Information and Event Management)** に分類されるサービスです。SIEM とは、組織全体のログを一元的に管理、分析して、リアルタイムでセキュリティの脅威を検出するものです。Microsoft Sentinel では、Azure、Microsoft 365、およびサードパーティーのウイルス対策ソフトウェアやファイアウォールなどのログを包括的に収集して、高度な機械学習により脅威を検出し、**「調査グラフ」で可視化したり、「プレイブック」と呼ばれる手順書に従って自動的な対処を行う**ことが可能です。一般的に SIEM は高額なものが多いのですが、Microsoft Sentinel では低価格で SIEM が利用できます。

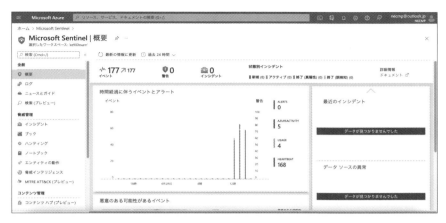

図 3.7-3　Microsoft Sentinel の概要

章末問題

Q1 アカウントは請求の単位です。下線を正しく修正してください。

- **A.** 変更不要
- **B.** サブスクリプション
- **C.** 試用版サブスクリプション
- **D.** クォータ

解説

Azure の請求は、サブスクリプション単位で発行されます。アカウントは、Azure のサインアップで使用するメールアドレスです。よって、**B** が正解です。

[答] B

Q2 Azure 無料アカウントについて、各特徴が正しい場合は「はい」、正しくない場合は「いいえ」を選択してください。

特 徴	はい	いいえ
1 名につき 1 回のみ利用できる	○	○
すべての Azure のサービスが利用できる	○	○
有効期限はなく、クレジット範囲内で利用できる	○	○

解説

Azure 無料アカウントは、22,500 円（本書執筆時点）のクレジットが付与されるサブスクリプションです。対象のユーザー1 名につき 1 回のみ利用できます。その際、すべての Azure サービスを利用できます。Azure 無料アカウントの有効期間は 30 日で、未使用のクレジットを翌月に持ち越すことはできません。

よって、正解は［答］欄の表のとおりです。

[答]

特　徴	は　い	いいえ
1 名につき 1 回のみ利用できる	●	○
すべての Azure のサービスが利用できる	●	○
有効期限はなく、クレジット範囲内で利用できる	○	●

Q3 リソースグループの取り扱いについて、適切なものを 2 つ選択してください。

　A. リージョンの異なるリソースを 1 つのリソースグループに追加する

　B. 仮想マシンとストレージアカウントのリソースを 1 つのリソースグループに追加する

　C. リソースグループを別のリソースグループに追加する

　D. 1 つのリソースを複数のリソースグループに追加する

解説

Azure Resource Manager の機能の 1 つであるリソースグループは、リソースをグループ化し、まとめて操作できるようにしたものです。リソースグループには以下の特徴があります。よって、**A** と **B** が正解です。

- リソースは必ずリソースグループに含まれます。
- リソースグループには、複数のリージョンのリソースを含めることができます。
- リソースグループには、複数のサービスの種類（例えば、仮想マシンとストレージなど）のリソースを含めることができます。
- 1 つのリソースを複数のリソースグループに含めることはできません。
- リソースグループを別のリソースグループに含めることはできません。
- リソースグループ内に同じ種類かつ同じ名前のリソースを含めることはできません。

[答] A、B

Q4 あなたの会社では、部門ごとに Azure の支払いオプションを変更したい
と考えています。最適な方法を 1 つ選択してください。

  A. 部門ごとにタグを作成する

  B. 部門ごとにロックを作成する

  C. 部門ごとにサブスクリプションを作成する

  D. 部門ごとにリソースグループを作成する

解説

　Azure では、クレジットカードによる支払いや請求書による支払いなど、いくつ
かの支払いオプションが用意されています。これらの支払いオプションはサブスク
リプション単位で変更可能です。よって、**C** が正解です。

[答] C

Q5 Azure で複数の仮想マシンを作成していたら、「これ以上は作成できない」
というメッセージが表示されました。あなたは、もっと多くの仮想マシン
を作成したいと考えています。適切な対応を 1 つ選択してください。

  A. サブスクリプションを作成する

  B. サポートリクエストを作成する

  C. リソースグループを作成する

  D. 仮想マシンスケールセットを作成する

解説

　Azure では、サブスクリプションごとに、作成できるリソースの数が制限されて
います。これを「クォータ制限」と呼びます。例えば、仮想マシンのコア数は最大
20 個、ストレージアカウントは最大 250 まで、といったようなクォータ制限が存在
します。

　クォータ制限は、実行したスクリプトの記述ミスなどにより、誤って大量のリソー
スが作成されてしまい、月末に予想外の課金が発生しないようにするための「安全
装置」として機能します。ただし、実際には、より多くのリソースを使用したい場

3

合もあるので、簡単にクォータ制限を変更できるようになっています。この変更は、Azure ポータルでサポートリクエストを作成し、マイクロソフト社へ送信することで実現できます。よって、**B** が正解です。

[答] B

Q6 あなたの会社では、複数のサブスクリプションを 1 つに統合することを検討しています。そのためには、分散したリソースを 1 つのサブスクリプションへ移動させなければなりません。サブスクリプション間でのリソースの移動について、正しいものを 1 つ選択してください。

A. すべての種類のリソースを移動できる

B. 仮想マシンの移動中は、ダウンタイムが発生する

C. ユーザーによる移動はできず、サポートリクエストによる対応が必要である

D. 移動中は、ソースとターゲットのリソースグループがロックされる

解説

ユーザーは、必要に応じてリソースをサブスクリプション間で移動することができます。リソースの移動は、Azure ポータルなどを使用してユーザー自身で行えます。なお、一部、移動ができないリソースや移動に制限のあるリソースもありますが、多くのリソースは移動が可能です。リソースの移動中は、ソース（移動元）とターゲット（移動先）のリソースグループがロックされ、リソースグループ内のリソースの追加や削除、変更はできませんが、リソースそのものは停止せず、ダウンタイムも発生しません。よって、**D** が正解です。

[答] D

Q7 Azure で、高速なネットワークで接続された複数のデータセンターのグループは ☐☐☐☐ です。空欄に入る適切なものを 1 つ選択してください。

A. リージョン

（選択肢は次ページに続きます。）

B. 可用性セット

C. 管理グループ

D. リソースグループ

解説

　地理的に隣接しているデータセンターを高速なネットワークで接続し、グループ化したものを「リージョン」といいます。よって、**A** が正解です。Azure では 60 以上のリージョンが用意されており、日本には東日本リージョンと西日本リージョンがあります。ユーザーは、リソースやデータの保存場所としてこれらのリージョンを指定します。なお、B の「可用性セット」は、複数の仮想マシンがデータセンター内の同じ仮想化ホストや同じサーバーラックに配置されないようにするためのグループです。C の「管理グループ」は、サブスクリプションをまとめて管理するためのグループです。D の「リソースグループ」は、リソースを配置するための論理的なグループです。

[答] A

Q8　Azure Government を使用できるユーザーとして適切なものを 2 つ選択してください。

A. 米国の政府機関

B. 米国の政府請負業者

C. カナダの政府機関

D. ヨーロッパの政府機関

解説

　Azure Government は、米国政府の要求するコンプライアンスとセキュリティの要件を満たした特別な Azure リージョンであり、米国の政府機関とそのパートナー以外のユーザーは使用できません。よって、**A** と **B** が正解です。

[答] A、B

Q9 Azure China は ☐ が運用しています。空欄に入る適切なものを1つ選択してください。

A. 米国のマイクロソフト社

B. 中国の政府機関

C. 中国のインターネットプロバイダー

D. 中国のマイクロソフト社

3

解説

　Azure China は、中国国内向けの特別な Azure リージョンです。中国のインターネットプロバイダーである 21Vianet が独自に運用しています。よって、**C** が正解です。

[答] C

Q10 可用性セットの作成時に指定可能な障害ドメインと更新ドメインの最大値は、それぞれいくつですか？

障害ドメイン	
更新ドメイン	

A. 2

B. 3

C. 10

D. 20

解説

　可用性セットでは、仮想マシンを配置するサーバーラックの数（障害ドメイン）と仮想化ホストの数（更新ドメイン）を指定します。一部のリージョンを除き、障害ドメインの最大値は 3、更新ドメインの最大値は 20 です。よって、正解は［答］欄の表のとおりです。

[答]

障害ドメイン	**B.** 3
更新ドメイン	**D.** 20

Q11 可用性ゾーンについて、各特徴が正しい場合は「はい」、正しくない場合は「いいえ」を選択してください。

特　徴	は　い	いいえ
可用性ゾーンは、複数のリージョンに仮想マシンを分散できる	○	○
可用性ゾーンは、複数のリージョンにデータとアプリケーションを複製できる	○	○
可用性ゾーンは、Windows 仮想マシンでのみ利用できる	○	○

解説

　可用性ゾーンは、複数の仮想マシンを単一リージョン内の異なる Azure データセンターに分散する機能です。これにより、Azure データセンターの障害から仮想マシンを保護することができます。なお、可用性ゾーンは仮想マシン単位で設定し、仮想マシン内の OS には依存しません。よって、正解は [答] 欄の表のとおりです。

[答]

特　徴	は　い	いいえ
可用性ゾーンは、複数のリージョンに仮想マシンを分散できる	○	●
可用性ゾーンは、複数のリージョンにデータとアプリケーションを複製できる	○	●
可用性ゾーンは、Windows 仮想マシンでのみ利用できる	○	●

Q12 あなたは、可用性ゾーンを利用した仮想マシンにアプリケーションをデプロイする予定です。なお、このソリューションは 99.99% の稼働率を保証する必要があります。可用性ゾーンの最小数と仮想マシンの最小数を選択してください。

[可用性ゾーンの最小数]

A. 1

B. 2

C. 4

[仮想マシンの最小数]
D. 1
E. 2
F. 4

解説

　可用性ゾーンは、仮想マシンを複数のデータセンター（ゾーン）に分散配置することで、データセンターレベルの障害に対して高可用性を提供します。可用性ゾーンでは、最低2つのゾーンに対してそれぞれ個別に仮想マシンを配置した場合、99.99%の稼働率が保証されます。よって、**B** と **E** が正解です。

[答]［可用性ゾーンの最小数］＝ B（2）、［仮想マシンの最小数］＝ E（2）

Q13　Azure Container Instances は、アプリケーションのための可搬性の高い仮想環境を提供するサービスです。下線を正しく修正してください。

A. 変更不要
B. Azure App Service
C. Azure Functions
D. 仮想マシン

解説

　Azure Container Instances は、アプリケーションのための可搬性の高いコンテナー仮想環境を提供します。よって、**A** が正解です。B の「Azure App Service」はWeb アプリのホスティング環境を提供し、C の「Azure Functions」はアプリの実行環境をサーバーレスで提供します。D の「仮想マシン」は、OS のためのサーバー仮想環境を提供します。

[答] A

Q14 あなたの会社では、ルールにもとづいて自動的に電子メールを送信するオンプレミスアプリケーションを、Azure へ移行する予定です。アプリケーションに関して、次の条件を満たしている必要があります。

- サーバーレスコンピューティングソリューションであること
- ノンコーディング、ノンプログラミングであること

最適なソリューションを 1 つ選択してください。

A. Web アプリ
B. Azure Marketplace イメージ
C. Azure Functions アプリ（関数アプリ）
D. Azure Logic Apps アプリ（ロジックアプリ）

解説

　常時稼働のサーバー（仮想マシン）を用意しなくてもアプリケーションを実行できるソリューションが、サーバーレスコンピューティングです。Azure の代表的なサーバーレスコンピューティングには、Azure Functions と Azure Logic Apps がありますが、Azure Functions はプログラムを書く必要があります。一方、Azure Logic Apps は、グラフィカルな Logic Apps デザイナーを使用し、プログラムを書く必要がありません。よって、**D** が正解です。

[答] D

Q15 あなたの会社では、Azure 上で、自社アプリのソースコードを管理したいと考えています。最適なソリューションを 1 つ選択してください。

A. Azure Repos
B. Azure DevTest Labs
C. Azure Storage
D. Azure Application Insights

解説

　Azure Repos は、プログラムのソースコードなどの変更履歴を記録するバージョン管理システムである Git を、Azure で提供する新しいサービスです。Git は広く普及しているため、多くのツールやサービスと連携できるメリットがあります。よって、**A** が正解です。

　B の「Azure DevTest Labs」はアプリの開発・テスト環境を簡単に構築できるサービス、C の「Azure Storage」はアプリのデータを格納できるクラウドストレージサービスです。D の「Azure Application Insights」は稼働中のアプリを監視するサービスです。これらのサービスは、アプリの開発と管理において有用ですが、ソースコードの管理機能は提供しません。

[答] A

Q16 Azure Virtual Desktop について、各特徴が正しい場合は「はい」、正しくない場合は「いいえ」を選択してください。

特　徴	は　い	いいえ
Windows 10、Windows 11、Windows Server などの OS をサポートする	○	○
Windows、Web、macOS、Android などのリモートデスクトップクライアントをサポートする	○	○
単一のセッションホストは最大 1 ユーザーの同時接続をサポートする	○	○

解説

　Azure Virtual Desktop は、クラウド上で実行されるデスクトップおよびアプリケーションの仮想化サービスです。Azure Virtual Desktop では、Windows 10、Windows 11、Windows Server のデスクトップとアプリケーションを利用できます。デスクトップへのアクセスに利用するためのリモートデスクトップクライアントは、Web、Windows、macOS、iOS、Android がサポートされています。なお、仮想のデスクトップは、「セッションホスト」と呼ばれる仮想マシンで提供されますが、1 台のセッションホストは複数のユーザーからの同時アクセスを実現できるため、仮想マシン数を削減できます。よって、正解は [答] 欄の表のとおりです。

[答]

特 徴	は い	いいえ
Windows 10、Windows 11、Windows Server などの OS をサポートする	●	○
Windows、Web、macOS、Android などのリモートデスクトップクライアントをサポートする	●	○
単一のセッションホストは最大 1 ユーザーの同時接続をサポートする	○	●

Q17 Azure Virtual Desktop のリソースへのアクセス権の付与には何を使用しますか？最適なものを 1 つ選択してください。

A. タグ

B. RBAC ロール

C. Azure AD ロール

D. アプリケーションセキュリティグループ

解説

　Azure Virtual Desktop は、Azure のリソースです。そのため、Azure Virtual Desktop へのアクセス権の付与には、他の Azure サービスと同様に RBAC ロールを使用します。よって、**B** が正解です。

[答] B

Q18 複数の仮想ネットワークについて、各特徴が正しい場合は「はい」、正しくない場合は「いいえ」を選択してください。

特 徴	は い	いいえ
同じリージョンに作成した複数の仮想ネットワークは自動的に接続される	○	○
同じサブスクリプションに作成した複数の仮想ネットワークには一意なアドレス範囲を割り当てる必要がある	○	○
同じリソースグループに作成した複数の仮想ネットワークには一意な名前を付ける必要がある	○	○

解説

　仮想ネットワークは完全に独立したネットワークであり、複数の仮想ネットワークを同じサブスクリプションや同じリージョンに作成する場合でも、それらは自動的に接続されませんし、それぞれに一意なアドレス範囲を割り当てる必要もありません。なお、仮想ネットワークに限らず、1つのリソースグループに、同じ種類かつ同じ名前のリソースを含めることはできません。よって、正解は［答］欄の表のとおりです。

［答］

特 徴	はい	いいえ
同じリージョンに作成した複数の仮想ネットワークは自動的に接続される	○	●
同じサブスクリプションに作成した複数の仮想ネットワークには一意なアドレス範囲を割り当てる必要がある	○	●
同じリソースグループに作成した複数の仮想ネットワークには一意な名前を付ける必要がある	●	○

Q19 あなたの会社では、テスト環境用と本番環境用の2台の仮想マシンを作成する予定です。テスト環境用の仮想マシンと本番環境用の仮想マシンはお互いアクセスできないように分離する必要があります。
解決策：個別の仮想ネットワークに仮想マシンをデプロイする
この解決策は要件を満たしていますか？

A. はい

B. いいえ

解説

　仮想ネットワークはそれぞれ独立しているため、複数の仮想マシンをそれぞれ異なる仮想ネットワークに接続した場合、仮想マシンはお互いアクセスすることができません。よって、**A**が正解です。なお、オプションのピアリングを構成した場合は、異なる仮想ネットワークに接続した仮想マシンも相互にアクセスすることができます。

［答］A

Q20 あなたの会社では仮想ネットワークに、Web サーバー、データベースサーバーの役割を持つそれぞれの仮想マシンを作成しています。ただし、データベースサーバーは Web サーバーとのみ通信できるように制限したいと考えています。最適なソリューションを 1 つ選択してください。

    A. ネットワークセキュリティグループ

    B. Microsoft Defender for Cloud

    C. 仮想ネットワークゲートウェイ

    D. Azure Key Vault

解説

　仮想ネットワーク内の通信を制限するには、ネットワークセキュリティグループまたは Azure Firewall を使用します。よって、**A** が正解です。B の「Microsoft Defender for Cloud」は、セキュリティの診断や保護、脅威の検出を行うサービスです。C の「仮想ネットワークゲートウェイ」は、サイト間接続や ExpressRoute 接続で必要なゲートウェイサービスです。D の「Azure Key Vault」は、暗号化処理で必要なキーなどを管理するサービスです。

[答] A

Q21 あなたは、ネットワークセキュリティグループのセキュリティ規則を作成しています。規則のソースとして使用できるものを 3 つ選択してください。

    A. IP アドレス

    B. 管理グループ

    C. リソースグループ

    D. サービスタグ

    E. アプリケーションセキュリティグループ

解説

　ネットワークセキュリティグループ（NSG）では、セキュリティ規則にもとづき、

仮想マシンに出入りするパケットをフィルタリングします。セキュリティ規則の主な要素は、送信元を特定する「ソース」、送信先を特定する「宛先」、許可または拒否の「アクション」です。ソースと宛先には IP アドレスだけではなく、インターネットや仮想ネットワークなどの抽象的なネットワーク範囲を指定できるサービスタグや、仮想マシンのグループであるアプリケーションセキュリティグループも使用できます。よって、**A**、**D**、**E** が正解です。

[答] A、D、E

Q22 あなたの会社では、インターネットに公開された仮想マシンに対して、特定の通信のみにアクセスを制限したいと考えています。適切なソリューションを 2 つ選択してください。

A. 仮想ネットワークゲートウェイ
B. ネットワークセキュリティグループ
C. ExpressRoute 接続
D. Azure Firewall

解説

　仮想マシンの通信を制限するには、ファイアウォールが有効です。Azure には、ネットワークセキュリティグループと Azure Firewall の 2 種類のファイアウォールがあります。よって、**B** と **D** が正解です。ネットワークセキュリティグループは、個々の仮想マシンを保護するパーソナルファイアウォールです。これに対して Azure Firewall は、サブネット全体を保護するネットワークファイアウォールです。これらは、どちらか一方だけ、または両方を同時に使用することができます。

[答] B、D

Q23 あなたの会社では、Azure の 1 つのリージョンに仮想ネットワークが 10 個あり、各仮想ネットワークに、仮想マシンが 5 台ずつあります。すべての仮想マシンは、同じ役割の Web サーバーとして使用しています。ネットワークトラフィックを制限するには、最小でいくつのネットワーク

セキュリティグループを作成する必要がありますか？

A. 1
B. 5
C. 10
D. 50

解説

　ネットワークセキュリティグループは、仮想マシンのネットワークインターフェイスや仮想ネットワークのサブネットに割り当てるファイアウォール機能です。ネットワークセキュリティグループはリージョン内で再利用できるため、同じ役割のサーバー向けであれば、同じネットワークセキュリティグループを使用できます。よって、**A** が正解です。

[答] A

Q24 あなたの会社では、Azure Firewall を導入し、インターネットから仮想マシンへのアクセスを制限する予定です。Azure Firewall で作成すべきルールを 1 つ選択してください。

A. アプリケーションルール
B. ネットワークルール
C. DNAT ルール
D. アクションルール

解説

　Azure Firewall は、アプリケーションルール、ネットワークルール、DNAT ルールの 3 種類のルールを使用し、ネットワークトラフィックを制御することができます。A の「アプリケーションルール」と B の「ネットワークルール」はアウトバウンド接続（内から外への通信）用であり、C の「DNAT ルール」のみがインバウンド接続（外から内への通信）用です。よって、**C** が正解です。

[答] C

Q25 あなたの会社では、リージョンの異なる2つの仮想ネットワークを接続したシステムを構築することを計画しています。最適なソリューションを1つ選択してください。

A. ピアリング

B. グローバルピアリング

C. サイト間接続

D. Azure ExpressRoute

解説

仮想ネットワーク同士を接続し、両方の仮想ネットワークの仮想マシンが通信できるようにするには、ピアリングを行います。特に、異なるリージョンの仮想ネットワークを接続するには、グローバルピアリングを行います。よって、**B** が正解です。A の「ピアリング」は、同じリージョン内の仮想ネットワーク同士を接続します。C の「サイト間接続」とは、仮想ネットワークと社内ネットワーク（オンプレミスネットワーク）を接続することです。D の「Azure ExpressRoute」は、仮想ネットワークとオンプレミスネットワークを専用線で接続する Azure サービスです。

[答] B

Q26 あなたの会社では、仮想ネットワークと社内ネットワークをインターネット VPN で接続するサイト間接続を計画しています。作成すべき Azure リソースとして適切なものを3つ選択してください。

A. ネットワークセキュリティグループ

B. 接続

C. ExpressRoute 回線

D. ルートテーブル

E. 仮想ネットワークゲートウェイ

F. ローカルネットワークゲートウェイ

解説

　サイト間接続では、インターネット VPN を介して、仮想ネットワークと社内ネットワークを接続し、まるで 1 つのネットワークのように機能させることができます。

　サイト間接続を構成するには、3 つの Azure リソースが必要です。まず、ネットワークの両端には VPN 装置が必要ですが、仮想ネットワーク側の VPN 装置には、E の「仮想ネットワークゲートウェイ」の Azure リソースを作成します。社内ネットワーク側は、ハードウェアまたはソフトウェアの VPN デバイスを設置します。F の「ローカルネットワークゲートウェイ」の Azure リソースは、社内ネットワーク側に設置した VPN デバイスの情報を登録します。そして最後に、仮想ネットワークゲートウェイとローカルネットワークゲートウェイを接続するための Azure リソースとして、B の「接続」を作成します。よって、**B**、**E**、**F** が正解です。

[答]　B、E、F

Q27 Azure ExpressRoute について、各特徴が正しい場合は「はい」、正しくない場合は「いいえ」を選択してください。

特　徴	はい	いいえ
オンプレミスネットワークと仮想ネットワークをインターネット経由で接続する	○	○
経路制御には BGP を使用する	○	○
複数の回線を用意することで、冗長にできる	○	○

解説

　Azure ExpressRoute は、専用回線や WAN 回線を用いて、オンプレミスネットワークと仮想ネットワークを直接接続するサービスです。経路制御には BGP（Border Gateway Protocol）を使用します。複数の回線を用意すれば、Azure ExpressRoute の回線障害に対処することもできます。よって、正解は［答］欄の表のとおりです。

[答]

特　徴	はい	いいえ
オンプレミスネットワークと仮想ネットワークをインターネット経由で接続する	○	●
経路制御には BGP を使用する	●	○
複数の回線を用意することで、冗長にできる	●	○

Q28 あなたは、自宅からインターネット経由で仮想マシンをリモートメンテナンスする予定です。ただし、メンテナンスする仮想マシンにパブリック IP アドレスは割り当てられていません。最適なリモートメンテナンスの方法を 1 つ選択してください。

A. サイト間接続
B. ExpressRoute 接続
C. ポイント対サイト接続
D. 仮想ネットワークのピアリング

解説

　ポイント対サイト接続は、個々のクライアントコンピューターやデバイスからインターネット経由で仮想ネットワークへ VPN 接続し、プライベート IP アドレスで仮想マシンにアクセスできます。このため、例えば、在宅勤務者が自宅から仮想マシンをメンテナンスする場合に便利です。よって、**C** が正解です。なお、社内ネットワークなどのオンプレミスネットワークと仮想ネットワークを VPN で接続するサービスが A の「サイト間接続」で、VPN の代わりに専用線で接続するサービスが B の「ExpressRoute 接続」です。D の「仮想ネットワークのピアリング」は、仮想ネットワークと仮想ネットワークを接続します。

[答] C

Q29 Azure Storage について、各特徴が正しい場合は「はい」、正しくない場合は「いいえ」を選択してください。

特 徴	はい	いいえ
最初にストレージアカウントを作成する	○	○
1 つのストレージアカウントの最大サイズは 200TB である	○	○
1 つのデータの最大サイズは無制限である	○	○

解説

　Azure Storage は、多目的なストレージサービスです。Azure Storage を使用するには、最初にストレージアカウントを作成します。また、1 つのストレージアカウ

ントの最大サイズは 5PB であり、1 つのデータの最大サイズは無制限となっています。よって、正解は [答] 欄の表のとおりです。

[答]

特 徴	は い	いいえ
最初にストレージアカウントを作成する	●	○
1 つのストレージアカウントの最大サイズは 200TB である	○	●
1 つのデータの最大サイズは無制限である	●	○

Q30 ストレージアカウントの冗長オプション（下記①〜④）を、低い冗長度から高い冗長度への順番に並べ替えてください。

① geo 冗長ストレージ（GRS）
② ローカル冗長ストレージ（LRS）
③ ゾーン冗長ストレージ（ZRS）
④ geo ゾーン冗長ストレージ（GZRS）

A. ①→②→③→④
B. ①→③→②→④
C. ②→③→④→①
D. ②→③→①→④

解説

　ストレージアカウントでは、データを障害から保護するための冗長オプションが選択できます。最も冗長度が低いのは、②の「ローカル冗長ストレージ（LRS）」です。LRS は、同一のデータセンターでデータを 3 重に複製します。2 番目は、③の「ゾーン冗長ストレージ（ZRS）」です。ZRS は、異なるデータセンターで LRS と同じ 3 重複製を行います。3 番目は、①の「geo 冗長ストレージ（GRS）」です。GRS は、リージョンで 3 重、リージョンペアでさらに 3 重に複製するため、合計で 6 重複製となります。なお、各リージョン内では LRS が行われます。最も冗長度が高いのは、④の「geo ゾーン冗長ストレージ（GZRS）」です。GZRS は、GRS と同じ 6 重複製ですが、リージョン内は ZRS、リージョンペア内は LRS で複製を行います。以上より、「②→③→①→④」という順番になるので、**D** が正解です。

[答] D

Q31 あなたの会社では、アプリケーションの設定ファイルを格納するクラウド ストレージとして、Azure Storage を採用する予定です。適切な Azure Storage のデータサービスを 2 つ選択してください。

A. BLOB

B. ファイル共有

C. テーブル

D. キュー

解説

　Azure Storage のデータサービスとして、ファイルを格納し、アプリケーションからアクセスできるのは、BLOB（Binary Large Object）とファイル共有（Azure Files）です。よって、**A** と **B** が正解です。BLOB は、HTTP 経由でファイルにアクセスできます。一方、ファイル共有は、SMB（Server Message Block）プロトコルや NFS（Network File System）プロトコル経由でファイルにアクセスできます。C の「テーブル」はキーと値で構成された簡単なデータを格納するものであり、ファイルを格納するものではありません。D の「キュー」はメッセージを格納します。メッセージはアプリケーション間で交換するデータであり、キューにはファイルを格納できません。

[答] A、B

Q32 あなたの会社では、Azure Files で共有フォルダを作成しました。この共有フォルダにアクセスできるコンピューターはどれですか？最適なものを 1 つ選択してください。

A. Windows コンピューター

B. Linux コンピューター

C. macOS コンピューター

D. 上記のすべてのコンピューター

解説

　Azure Files は、Azure Storage が提供する共有フォルダストレージです。この共有フォルダへのアクセスには、Windows の SMB プロトコルや、Linux や macOS の NFS プロトコルが使用できます。つまり、Windows、Linux、macOS のすべてのコンピューターからアクセスできます。よって、**D** が正解です。

[答] D

Q33 あなたの会社では、契約書データを BLOB ストレージに格納する予定ですが、コストはできる限り抑えたいと考えています。ただし、リージョンに大規模災害があっても契約書のデータが失われないように、保護する必要があります。Azure Storage の冗長オプションとして最適なものを 1 つ選択してください。

　　A. ローカル冗長ストレージ (LRS)
　　B. ゾーン冗長ストレージ (ZRS)
　　C. geo 冗長ストレージ (GRS)
　　D. geo ゾーン冗長ストレージ (GZRS)

解説

　リージョン障害に備えて、他のリージョンにデータを複製するには、BLOB の冗長オプションを geo 冗長ストレージ (GRS) にします。GRS では、ローカルのリージョンに 3 重、リモートのリージョンにさらに 3 重という、合計 6 重の複製を行います。D の「geo ゾーン冗長ストレージ (GZRS)」も同様に 6 重の複製を行いますが、この設問ではゾーンの要件はなく、GZRS は若干高価であるため、コストを抑えたい場合は GRS のほうが適しています。よって、**C** が正解です。なお、A の「ローカル冗長ストレージ (LRS)」は、リージョン内の同一のデータセンターに、データを 3 重に複製します。B の「ゾーン冗長ストレージ (ZRS)」は、可用性ゾーンを意識したリージョン内の異なるデータセンターに、データを 3 重に複製します。

[答] C

Q34 [ ]は、自分が誰であるかを証明する手続きです。空欄に入る適切なものを 1 つ選択してください。

A. 認証

B. 承認

C. 同期

D. 多要素認証

3

解説

自分が誰であるかを証明する手続きのことを、認証といいます。よって、**A** が正解です。なお、B の「承認」とは、自分に何ができるかを確認する手続きのことです。

[答] A

Q35 Azure AD 参加が可能なデバイスとして適切なものを 1 つ選択してください。

A. Windows 10 デバイス

B. macOS デバイス

C. iOS デバイス

D. Android OS デバイス

解説

Azure AD テナントには、ユーザーだけでなく、コンピューターやスマートフォンなどのデバイスも作成できます。Azure AD テナントへデバイスを作成する方法には、「Azure AD 登録」、「Azure AD 参加」、「ハイブリッド Azure AD 参加」の 3 種類があり、これらのうち Azure AD 参加は、Windows 10 以降の機能を利用した作成方法であるため、Windows 10 または Windows 11 デバイスのみでサポートされます。よって、**A** が正解です。

[答] A

Q36　多要素認証（MFA）について、各特徴が正しい場合は「はい」、正しくない場合は「いいえ」を選択してください。

特　徴	は　い	いいえ
MFA の主な認証方法は、画像識別である	○	○
MFA は、管理者ユーザーアカウントだけでなく、非管理者アカウントにも利用できる	○	○
MFA を導入するには、フェデレーションソリューションを導入するか、オンプレミス ID をクラウドへ同期する必要がある	○	○

解説

　多要素認証（MFA：Multi-Factor Authentication）とは、Azure を利用する際、本人であることを確認するため、本人だけが知っていること（パスワード）に加えて、本人だけが持っているもの（携帯電話、ハードウェアキーなど）や本人自身（生体認証）を要求することで、セキュリティを強化する機能です。現在、MFA は管理者および非管理者アカウントで簡単に有効化でき、認証方法として、スマートフォンのアプリや SMS、音声通話などが利用できます。また、導入にあたって事前準備は不要です。よって、正解は［答］欄の表のとおりです。

［答］

特　徴	は　い	いいえ
MFA の主な認証方法は、画像識別である	○	●
MFA は、管理者ユーザーアカウントだけでなく、非管理者アカウントにも利用できる	●	○
MFA を導入するには、フェデレーションソリューションを導入するか、オンプレミス ID をクラウドへ同期する必要がある	○	●

Q37　あなたの会社では、従業員が Windows 11 デバイスから Azure AD にサインインし、Azure ポータルにアクセスする予定です。デバイスに最新のパッチが適用されていない場合に Azure ポータルへのアクセスを禁止する Azure AD の機能を、1 つ選択してください。

A. 多要素認証

B. 条件付きアクセス

C. マネージドID

D. ドメインサービス

解説

　Azure ADへのサインインに条件を追加してセキュリティを強化する機能が、条件付きアクセスです。条件付きアクセスでは、多要素認証を強制したり、サインインで使用するデバイスに最新のパッチが適用されているかをチェックしたりすることが可能です。よって、**B** が正解です。なお、Cの「マネージドID」は、Azure AD で仮想マシンなどのリソースを認証する機能、Dの「ドメインサービス」は、Windows Server のドメインコントローラーを Azure 上に構築するサービスです。

[答] B

Q38 ロールベースのアクセス制御 (RBAC) ロールにおいて、標準のロールが組織の特定のニーズを満たさない場合に作成するものは何ですか？最適なものを1つ選択してください。

A. 組み込みロール

B. カスタムロール

C. ポリシー定義

D. イニシアティブ定義

解説

　ロールベースのアクセス制御 (RBAC) ロールには、標準で用意される組み込みロールと、ユーザーが任意にアクセス権を設定するカスタムロールの2種類があります。組み込みロールが組織の特定のニーズを満たさない場合、ニーズに合うよう独自のカスタムロールを作成します。よって、**B** が正解です。なお、Cの「ポリシー定義」とDの「イニシアティブ定義」は Azure ポリシーの機能です。

[答] B

Q39 あなたの会社では、ユーザーUser1 に対し、ロールベースのアクセス制御 (RBAC) ロールを使用して、サブスクリプションの閲覧者ロールを割り当てました。しかし、User1 は、Azure AD でユーザーアカウントを作成することができません。どうすれば、User1 はユーザーアカウントを作成できますか？最適なものを 1 つ選択してください。

A. RBAC のユーザー管理者ロールを割り当てる

B. RBAC の所有者ロールを割り当てる

C. RBAC の管理者ロールを割り当てる

D. Azure AD ロールを割り当てる

解説

　一般的に、「仮想マシンを作成する」などの Azure の管理者権限の割り当てには、RBAC ロールを使用します。ただし、Azure AD の管理者権限の割り当てには Azure AD ロールを使用する必要があります。例えば、「Azure AD ユーザーを作成する」を割り当てるには、Azure AD ロールが必要です。よって、**D** が正解です。

[答] D

Q40 あなたは、Azure の多層防御について検討しています。「ID とアクセス」と「ネットワーク」の間の保護すべき層 (レイヤ) として適切なものを 1 つ選択してください。

A. 物理的なセキュリティ

B. 境界

C. コンピューティング

D. データ

解説

　Azure の多層防御では、ユーザーが最終的に守るもの、すなわちデータを複数の層 (レイヤ) で保護します。その保護の順番は、「物理的なセキュリティ」、「ID とアクセス」、「境界」、「ネットワーク」、「コンピューティング」、「アプリケーション」、

「データ」になります。つまり「IDとアクセス」と「ネットワーク」の間は「境界」です。よって、**B**が正解です。

[答] B

Q41 有料レベルの Microsoft Defender for Cloud について、各特徴が正しい場合は「はい」、正しくない場合は「いいえ」を選択してください。

特 徴	は い	いいえ
オンプレミスのセキュリティを監視できる	○	○
Amazon Web Services (AWS) や Google Cloud Platform (GCP) のセキュリティを監視できる	○	○
主要なセキュリティ規格の適合状況を追跡できる	○	○

解説

Microsoft Defender for Cloud には、無料と有料の2つのレベルがあります。有料レベルでは、すべてのセキュリティ機能が使用でき、その中には、Azure だけでなく、オンプレミスのセキュリティの監視や、Amazon Web Services (AWS)、Google Cloud Platform (GCP) などの他のクラウドのセキュリティの監視ができる機能、主要なセキュリティ規格の適合状況を追跡できる機能などが含まれています。よって、正解は [答] 欄の表のとおりです。

[答]

特 徴	は い	いいえ
オンプレミスのセキュリティを監視できる	●	○
Amazon Web Services (AWS) や Google Cloud Platform (GCP) のセキュリティを監視できる	●	○
主要なセキュリティ規格の適合状況を追跡できる	●	○

Q42 Azure で、Just-In-Time VMアクセスを提供するソリューションは _____ です。空欄に入る適切なものを1つ選択してください。

A. Azure Bastion

B. Microsoft Defender for Cloud

（選択肢は次ページに続きます。）

131

C. Azure Front Door

D. Azure Information Protection

解説

　Just-In-Time VM アクセスは、仮想マシンへのリモートアクセスを許可制とし、さらにアクセスできる時間を制限する Microsoft Defender for Cloud のセキュリティ機能です。よって、**B** が正解です。A の「Azure Bastion」は、Azure ポータルを使用して簡単に仮想マシンに接続するサービスです。C の「Azure Front Door」は、Web アプリに必要なキャッシュやファイアウォールなどの機能をオールインワンで提供するサービスです。D の「Azure Information Protection」は、Word ドキュメントや Excel シートなどのデータや電子メールを保護するサービスです。

[答] B

Q43 あなたは、会社の Azure 環境が業界標準のコンプライアンス要件を満たしているかを確認したいと考えています。この作業を行うための最適なサービスを 1 つ選択してください。

A. Azure Knowledge Center

B. Azure Advisor

C. Microsoft Defender for Cloud

D. Azure モニター

解説

　Microsoft Defender for Cloud は、Azure 環境のセキュリティ体制を評価するサービスです。Microsoft Defender for Cloud のコンプライアンスダッシュボードとコンプライアンスレポートを使用すれば、Azure 環境が PCI DSS などの業界標準のさまざまなコンプライアンス要件を満たしているかを一目で把握することが可能です。よって、**C** が正解です。B の「Azure Advisor」は Azure を利用する際のベストプラクティス（推奨事項）を提示するサービス、D の「Azure モニター」は Azure の監視サービスです。A の「Azure Knowledge Center」という Azure サービスは存在しません。

[答] C

Q44 あなたは、Azure でセキュリティ情報イベント管理 (SIEM) を構築することを計画しています。最適なソリューションを 1 つ選択してください。

A. Azure Information Protection

B. Azure Application Gateway

C. Microsoft Sentinel

D. Azure DDoS Protection

3

解説

　セキュリティ情報イベント管理 (SIEM) とは、企業全体のさまざまなログを一元的に管理、分析して、リアルタイムでセキュリティの脅威を検出するセキュリティ運用管理ソリューションです。Microsoft Sentinel は、さまざまなログを組み込みのコネクタを利用して収集し、AI（人工知能）を使用して脅威を検出する Azure の SIEM サービスです。よって、**C** が正解です。A の「Azure Information Protection」は Word ドキュメントや Excel シートなどのデータや電子メールを保護するサービス、B の「Azure Application Gateway」は Web 向けの負荷分散サービスです。また、D の「Azure DDoS Protection」は DDoS 攻撃を緩和するサービスです。

[答] C

第 **4** 章

Azure の管理とガバナンス

本章では、Azure の管理方法および監視方法について紹介します。さらに、利用者の関心が高いコスト管理や、コンプライアンス、ガバナンス管理についても言及します。

4.1 Azure のリソースの デプロイと管理

Azure の操作には、Web ベースの Azure ポータルやコマンドラインツールの Azure CLI、Azure PowerShell などの管理ツールが使用できます。

Azure ポータル

Azure ポータルは、Azure を操作する Web ベースの管理ツールであり、**https:// portal.azure.com でアクセス可能**です。Microsoft Edge、Google Chrome、Firefox、Safari などの一般的な Web ブラウザに対応しています。また、Android や iPhone などのスマートフォンやタブレット端末の Web ブラウザからも操作可能です。

図 4.1-1　Azure ポータル

Azure CLI

Azure CLI（Command Line Interface）は、Azure の管理コマンドです。ユーザーのコンピューターに Azure CLI をインストールすると、az で始まるコマンドが利用でき、Azure ポータルと同様の操作が可能となります。なお、Azure CLI は Python ベースのコマンドなので、Python の実行環境があれば、Windows、Linux、macOS の任意のコンピューターから使用できます。Windows の場合、OS の標準では Python の実行環境はありませんが、Azure CLI のインストールプログラムを実行すると、Python の実行環境のインストールからすべて行ってくれます。インストールが完了すれば、**コマンドプロンプトまたは PowerShell プロンプトから Azure CLI が利用可能になります。**

図 4.1-2　Azure CLI (Command Line Interface)

Azure PowerShell

Azure PowerShell は、PowerShell 環境で利用可能な Azure の管理コマンド[※1]
です。もともと PowerShell は、Windows PowerShell という名称で Windows 専用
の機能でしたが、現在は、Linux や macOS でも PowerShell パッケージをインストー
ルすれば利用可能です。なお、Azure PowerShell を利用するには、PowerShell 環
境で「Install-Module -Name Az」を実行し、Azure PowerShell モジュールをインス
トールします。

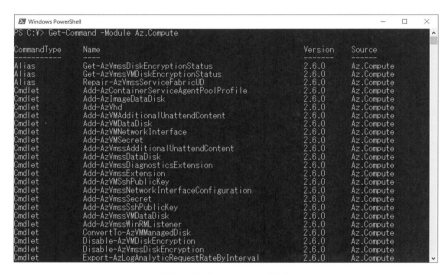

図 4.1-3　Azure PowerShell

現在、Azure ポータル、Azure CLI、Azure PowerShell の 3 つの Azure 管理ツー
ルは、いずれも Windows、Linux、および macOS のマルチプラットフォームで
使用できる。

※ 1　PowerShell では、コマンドのことを「コマンドレット」と呼びます。

Azure Cloud Shell

Azure Cloud Shell は、Web ブラウザでコマンドシェルを利用できる Azure ポータルの機能です。つまり、Web ブラウザでコマンドを実行することができます。Azure Cloud Shell には、あらかじめ Azure CLI と Azure PowerShell の管理コマンドもインストールされているため、これらの管理コマンドもすぐに利用できます。また、Android や iPhone などのスマートフォンやタブレット端末でも、Azure Cloud Shell から管理コマンドを利用できます。

Azure Cloud Shell には、https://shell.azure.com または **Azure ポータルの画面上部の「Cloud Shell」ボタン（プロンプトのアイコン）からアクセス可能です**。Azure Cloud Shell には PowerShell と Bash の 2 種類のコマンドシェルが用意されており、ユーザーは使い慣れたコマンドシェルを選択することができます。なお、どちらのコマンドシェルからでも、Azure CLI と Azure PowerShell の両方を利用できます。

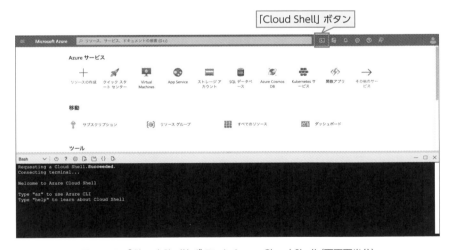

図 4.1-4　「Cloud Shell」ボタンと Azure Cloud Shell（画面下半分）

>> POINT!

Azure Cloud Shell は、Android や iPhone などのスマートフォンやタブレット端末からも利用できる。

Azure Arc

　Azure ポータルから、Azure リソースだけでなく、オンプレミスや別のクラウド
の Windows サーバー、Linux サーバー、SQL サーバー、Kubernetes クラスターなど
を一元的に操作できたら便利だと思いませんか？ このような操作を実現するサービ
スが、**Azure Arc** です。Azure Arc を利用すれば、Azure ポータルからハイブリッ
ドクラウド、マルチクラウドをまとめて管理することができます。また、RBAC ロー
ルや後述の Azure ポリシーと連携し、セキュリティの一元的な管理も可能です。

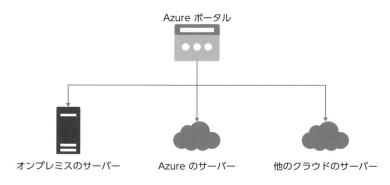

図 4.1-5　Azure Arc によるハイブリッドクラウド、マルチクラウドの管理

Azure Resource Manager

　**Azure Resource Manager（ARM）は、リソースの作成と管理、アクセス制御を
行い、Azure 環境全体の一貫性を提供する内部のアーキテクチャです。** Azure ポー
タルおよび Azure CLI や Azure PowerShell などの管理コマンドを介して送られる
ユーザーから Azure への要求は、すべて ARM によって解釈され、処理されていま
す。また、**リソースグループや後述するロック、タグなどの機能は、ARM が提供す
るものです。**

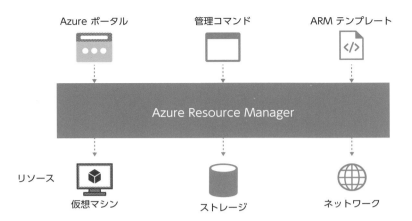

図 4.1-6 Azure Resource Manager

ARM テンプレート

ARM テンプレートは、リソースの作成を自動化するテキストファイルベースの
テンプレートです。図 4.1-7 は ARM テンプレートの例です。ARM テンプレートは
JSON 形式で記述されます。JSON とは JavaScript Object Notation の略で、キー
と値を：（コロン）で連結したテキストフォーマットのことをいいます。テキスト
フォーマットは、他にも XML がありますが、JSON は XML よりもシンプルなので、
近年人気があります。

```
{
  "$schema": "https://schema.management.azure.com/schemas/2015-01-01/
deploymentTemplate.json#",
  "contentVersion": "1.0.0.0",
  "parameters": {
```

```
"vnetName": {
  "type": "string",
  "defaultValue": "VNet1",
  "metadata": {
    "description": "VNet name"
  }
```

図 4.1-7　ARM テンプレート（抜粋）

ARM テンプレートを使用すれば、複数の仮想マシンやストレージをまとめて作成できます。また、ARM テンプレートには、繰り返して利用できる、手作業と違って操作ミスの恐れがない、というメリットがあります。

タグ

タグとは、Azure のリソースに割り当て可能なメモ書きのことです。タグは名前と値で構成されており、その使い方は自由です。例えば、リソースに責任者名、管理部門名、環境（開発、テスト、本番など）のタグを追加しておくと、リソースの役割や詳細がわかりやすくなります。**1 つのリソースには、最大で 50 個までタグを追加することができ、同じ名前のタグを複数のリソースに割り当てても構いません。**また、**Azure ポリシーを使用すれば、自動的にリソースにタグを追加することもできます。**なお、**リソースグループにもタグを追加できますが、そのリソースグループ内のリソースにはタグは追加されません**（タグは継承されません）。

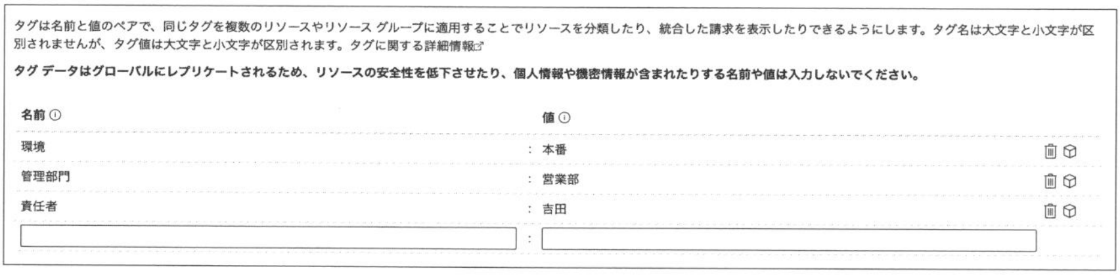

名前 ①	値 ①		
環境	: 本番	🗑	⊞
管理部門	: 営業部	🗑	⊞
責任者	: 吉田	🗑	⊞
	:		

タグは名前と値のペアで、同じタグを複数のリソースやリソース グループに適用することでリソースを分類したり、統合した請求を表示したりできるようにします。タグ名は大文字と小文字が区別されませんが、タグ値は大文字と小文字が区別されます。タグに関する詳細情報♂

タグ データはグローバルにレプリケートされるため、リソースの安全性を低下させたり、個人情報や機密情報が含まれたりする名前や値は入力しないでください。

図 4.1-8　リソースに割り当てられたタグ

4.2 Azure の監視

Azure で構築したアプリケーションが正常に稼働し続けるには、Azure の監視が不可欠です。Azure には、障害やパフォーマンスの問題を検出し、管理者へ電子メールで通知したり、自動処理を実行したりするサービスが用意されています。

Azure サービス正常性

アプリケーションが突然停止した場合、その原因が Azure データセンター側にあるのかアプリケーション側にあるのかを切り分けることが重要です。Azure データセンター側の障害であれば、Azure サービス正常性で確認できます。なお、**Azure サービス正常性には、Azure ポータルのサービスの一覧からだけでなく、Azure モニターや「ヘルプとサポート」からもアクセス可能です。**

Azure サービス正常性のダッシュボード画面では、Azure の各サービスに現時点で障害がないかを確認することができます。また、**オプションの正常性アラートを設定することで、サービスに障害が発生した場合、電子メールで管理者へ通知することもできます。**

図 4.2-1　Azure サービス正常性の表示 (サービスに異常がない状態)

　Azure サービス正常性では、計画メンテナンスがいつ行われるかを確認すること
も可能です。計画メンテナンスとは、Azure データセンターで数年に 1 回程度の頻
度で実施されるメンテナンス作業のことを指します。メンテナンス作業によっては
サービスの停止が発生するため、計画メンテナンスを監視することも重要です。

Azure モニター

　Azure では、さまざまなサービスが内部で監視データを生成します。これらの監
視データをまとめて表示できるサービスが、**Azure モニター**です。ここでは、Azure
モニターの主な機能を紹介します。

図 4.2-2　Azure モニター

▶ ログとメトリックの収集

　Azure モニターでは、各種 Azure サービスの監視データとして**ログ**と**メトリック**を収集し、監視することができます。ログとは、テキスト形式のイベントデータのことをいい、主な例としてエラーログやセキュリティログなどの診断ログが挙げられます。一方、**メトリックとは数値データであり、主な例はパフォーマンスデータです。**

　さらに Azure モニターでは、仮想マシンにエージェントプログラムをインストールすることで、仮想マシン内の OS（Windows または Linux）およびアプリケーションのログとメトリックを収集することも可能です。

　ログとメトリックは、Azure Storage にエクスポートして長期間保管したり、Azure Log Analytics（次ページ参照）へ転送して分析できます。また、**データ中継サービスの Azure Event Hubs を併用すれば、サードパーティーのログ分析ソリューションやリポジトリ（保存場所）へ転送することも可能です。**

▶ アクティビティログ

　アクティビティログは、ログの一種であり、過去 90 日分の Azure での管理操作を記録しています。**アクティビティログを確認すれば、「誰がいつ何をしたか」を調査することが可能です。** なお、アクティビティログは自動的に記録されているため、何も設定は要りません。

図 4.2-3　アクティビティログの検索と表示

90 日超経過したアクティビティログを保管したい場合は、Azure Storage にエクスポートしたり、Azure Event Hubs を介して外部のリポジトリ（保存場所）へ転送する。

▶ アラート

　Azure モニターが収集したログやメトリックにもとづいて自動的なアクションを実行する機能が**アラート**です。自動的なアクションとして、電子メールの送信やスクリプトの実行などが用意されています。例えば、Web サーバーのログでエラーを検出したら管理者へ電子メールで通知を行うアラートを、構成することができます。

Azure Log Analytics（Azure モニターログ）

　Azure Log Analytics は、「Analytics（分析）」という名前のとおり、ログの監視と分析を行うサービスです。もともと Azure Log Analytics は、Azure の独立したサービスとして提供されていましたが、現在は Azure モニターの機能の 1 つとなっています。Azure Log Analytics は、右ページに示す 3 つの機能を提供します。

Azure Log Analytics は、現在、「Azure モニターログ」と呼ばれているが、試験では以前のまま、Azure Log Analytics として出題されることが多い。

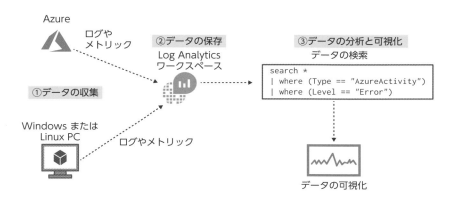

図 4.2-4　Azure Log Analytics の全体像

▶ データの収集

　Azure のアクティビティログや、各種リソースのログやメトリックを収集します。また、Windows または Linux に対応した Azure モニターエージェントを利用することで、OS 固有のログやメトリックを収集することも可能です。Azure モニターエージェントは、Azure の仮想マシンだけでなく、AWS などの別クラウドの仮想マシンや、オンプレミスの物理マシンにインストールでき、マルチクラウドやハイブリッドクラウドの監視も実現できます。

▶ データの保存

　収集したデータは、Log Analytics 内の**リポジトリ**に格納されます。データの保存期間は最短 1 か月から最長 2 年まで、データのアーカイブは最長 7 年まで設定可能です。

▶ データの分析と可視化

　リポジトリに格納したデータは、Log Analytics 独自の検索言語を使って自由に検

索できます。また、検索結果を表やグラフで可視化することも可能です。

> **POINT!**
>
> Azure モニターと Azure Log Analytics は、もともと別々のサービスであったため、一部の機能が重複している。基本的な監視には Azure モニター、より高度な監視には Azure Log Analytics といったように使い分けをするとよい。

Application Insights

　Application Insights は、アプリケーションのパフォーマンスを監視する Azure モニターの機能の 1 つです。Application Insights では、アプリケーションのパフォーマンスの異常を検出したり、問題の分析を行ったりすることが可能です。また、アプリケーションに Application Insights エージェントをインストールすることで、アプリケーションを一切変更することなく、パフォーマンスの監視を開始できるという特徴があります。このエージェントは、Azure だけでなく、オンプレミスや他のクラウドで実行中のアプリケーションにもインストール可能です。

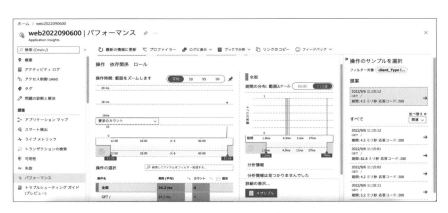

図 4.2-5　Application Insights によるアプリケーションの監視

Azure Advisor

　一風変わった Azure のサービスに、**Azure Advisor** があります。これは、ユーザーの所有するリソースの運用状態を調査し、**業界標準のベストプラクティス（推奨事項）を提案**します。

　ベストプラクティスの提案は、信頼性、セキュリティ、パフォーマンス、コスト、オペレーショナルエクセレンス（運用管理の最適化）の各分野について行われます。例えば、「仮想マシンを従量課金から予約インスタンスに変更すると毎月 40,000 円削減できます」や、「仮想マシンを Azure Backup でバックアップしてください」などの提案が行われます。つまり、従来は IT コンサルタントが行っていた課題解決の提案を Azure Advisor が代わりに行ってくれるわけです。しかも、Azure Advisor は無料で利用できます。

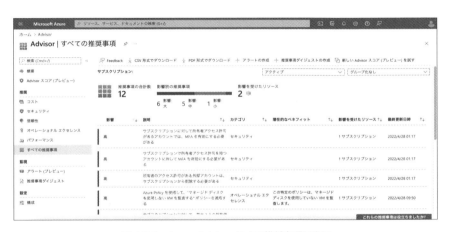

図 4.2-6　Azure Advisor による推奨事項の表示

4.3 Azure のバックアップと災害復旧

　可用性の高いクラウドでも、サービスの中断や誤った操作、マルウェア感染などにより、データが削除されたり、破損する恐れがあるので、データのバックアップは必要です。また、地震や津波などの大規模災害が発生した際にシステムを修復するため、あるいは被害を最小限に抑えるための予防措置として、災害復旧（ディザスタリカバリ）も必要です。Azure では、バックアップサービスとして Azure Backup、災害復旧サービスとして Azure Site Recovery がそれぞれ用意されています。

Azure Backup

　前述のように、**Azure Backup** は Azure のバックアップサービスです。Azure Backup では、仮想マシン、SQL データベース、Azure ファイル共有などのさまざまなワークロードを自動的にバックアップし、データの損失が発生した際、バックアップから回復することができます。

図 4.3-1　Azure Backup による仮想マシンのバックアップ

Azure Site Recovery

Azure Site Recovery は、リージョン間で仮想マシンを複製（レプリケーション）する災害復旧サービスです。例えば、東日本リージョンの仮想マシンを西日本リージョンへ定期的に複製することができます。なお、Azure Site Recovery では、仮想マシンのディスクのみを複製するため、複製先に仮想マシンは存在しません。災害時に、「フェイルオーバー」という操作を行うことで、複製したディスクを利用して複製先に新しい仮想マシンを自動的に作成し、業務を引き継ぎます。

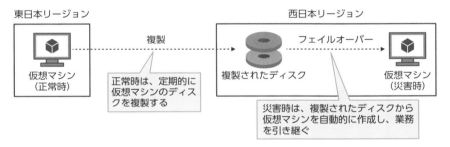

図 4.3-2　　Azure Site Recovery による災害復旧シナリオ

> **POINT!**
>
> 災害復旧はフォールトトレランスと混同しやすいので注意すること。障害が発生した後、システムを復旧できる能力が災害復旧、障害が発生した後もシステムを動作させる能力がフォールトトレランスである。つまり、災害復旧にはダウンタイムがあるが、フォールトトレランスにはダウンタイムはない。

4.4 Azure のガバナンスとコンプライアンス

　組織は、その規模にかかわらず、法律や社会的な倫理を厳守する**コンプライアンス**を徹底する必要があります。そして、コンプライアンス違反を防ぐには、ルールを作り、それを守るように管理する**ガバナンス**が重要です。Azure には、クラウドのコンプライアンスの徹底とガバナンスの管理を行うためのサービスや機能が用意されています。

Azure ポリシー

　Azure には、Azure の管理者権限をコントロールする RBAC ロールがあります。RBAC ロールを使用すれば、リソースの閲覧や、作成、削除などの操作を制限することができます。しかし、例えば、「ストレージアカウントの作成場所を東日本リージョンに制限する」、「**特定のリソースグループで、仮想マシンの作成を禁止する**」、「**リソースには、責任者名のタグを必ず追加する**」などのプロパティレベルのコントロールは RBAC ロールではできません。これを行うには、**Azure ポリシー**を使用します。

　Azure ポリシーは、リソースに対してさまざまなルールと効果を適用し、コンプライアンスに準拠させるガバナンス機能です。Azure ポリシーを使用するには、コンプライアンス要件を JSON 形式で記述したポリシー定義を作成し、サブスクリプションやリソースグループに割り当てます。なお、Azure ポリシーには、あらかじめ組み込みのポリシー定義が豊富に用意されているので、それを利用すれば、JSON 形式のポリシー定義を作成する手間が省けます。

```
{
    "policyRule": {
        "if": {
            "not": {
```

```
                "field": "location",
                "in": ["japaneast","japanwest"]
            }
        },
        "then": {
            "effect": "deny"
        }
    }
}
```

図 4.4-1　（例）リソースの場所を東日本リージョンまたは西日本リージョンに制限するポリシー定義

　複数のポリシー定義をまとめて割り当てたい場合は、オプションの**イニシアティブ定義**を作成します。イニシアティブ定義は、ポリシー定義のグループです。イニシアティブ定義もサブスクリプションまたはリソースグループに割り当てることができるので、ポリシー定義を個々に割り当てるよりも効率的です。

　ポリシー定義やイニシアティブ定義を割り当てたサブスクリプションまたはリソースグループでリソースを新たに作成したり、変更したりする際、当該ポリシー定義（またはイニシアティブ定義）で指定された操作の制限が適用されます。ただし、**Azure ポリシーを割り当てる前に作成したリソースは、この影響を受けません**。そのまま使い続けることができますが、Azure ポータルでは「コンプライアンスに準拠していないリソース」として表示されます。

図 4.4-2　Azure ポリシーによるコンプライアンスに準拠していないリソースの表示

> **POINT!**
>
> Azure ポリシーを導入するには、(1) ポリシー定義の作成、(2) イニシアティブ定義の作成、(3) ポリシー定義またはイニシアティブ定義の割り当て、(4) コンプライアンスに準拠していないリソースの確認の順で行う。

Azure Blueprints

　サブスクリプションの初期設定を自動的に行うサービスが、**Azure Blueprints** です。**Azure Blueprints は、成果物と呼ばれる Azure ポリシー、RBAC ロール、ARM テンプレート、リソースグループを含む、ブループリント (リソース) で構成されています。**ブループリントを管理グループまたはサブスクリプションに割り当てることで、その管理グループまたはサブスクリプションへ自動的に当該成果物を適用させることができます。例えば、組織のコンプライアンスにより、リソースはすべて国内のリージョンにデプロイする必要がある場合、これを強制する Azure ポリシーを含んだブループリントを作成し、サブスクリプションに割り当てれば、素早く組織のコンプライアンスに準拠させることが可能です。

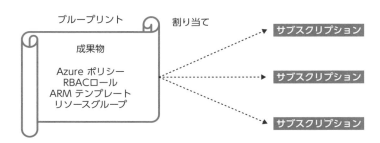

図 4.4-3　Azure Blueprints によるサブスクリプションの自動構成

> **POINT!**
>
> Azure Blueprints ではブループリントに、Azure ポリシー、RBAC ロール、ARM テンプレート、リソースグループを成果物として含めることができ、これを管理グループまたはサブスクリプションに割り当てることができる。

リソースのロック

リソースのロックは、リソースの変更や削除を禁止し、リソースに一貫性をもたせるガバナンス機能です。次の2種類のロックをリソースまたはリソースグループに追加できます。

表 4.4-1　ロックの種類

種類	説明
削除	削除を禁止する。
読み取り専用	削除および変更を禁止する。

　例えば、リソースに削除ロックを追加した場合は、そのリソースの削除が禁止されます。また、リソースグループに削除ロックを追加した場合は、そのリソースグループ内のすべてのリソースの削除が禁止されます。これらの禁止は、管理者も含めたすべてのユーザーに反映されます。

　ロックを解除するには、追加したロックを明示的に削除する必要があります。例えば、**削除ロックを追加した本人であっても、削除ロックを削除するまで、リソースの削除はできません**。

> **POINT!**
>
> ロックを解除するには、ロックそのものを削除する必要がある。

Microsoft セキュリティガイダンス

　クラウドのコンプライアンスとガバナンス管理を支援するため、マイクロソフト社では、次のWebサイトや、ドキュメント、ツールを提供しています。

▶ Microsoft Service Trust Portal

　Microsoft Service Trust Portal（STP）（https://servicetrust.microsoft.com/）は、Microsoft 365 や Azure を含めたマイクロソフト社のセキュリティ関連の情報やサービスをまとめたWebサイトです。例えば、STPの**マイライブラリ**から、セキュ

リティとコンプライアンスに関するレポートやドキュメントを無料で閲覧すること
ができます。

図 4.4-4　Microsoft Service Trust Portal

表 4.4-2　Microsoft Service Trust Portal の主なコンテンツ

コンテンツ	説 明
コンプライアンスマネージャー	Azure を含むマイクロソフト社のクラウドサービスを利用する際、業界標準のデータ保護と規制要件を満たしているかを評価し、必要に応じて改善のための処置を提案する。
トラストドキュメント	マイクロソフト社のクラウドサービスに関する独立した監査および評価レポートなどのドキュメントを提供する。
業界と地域	金融サービス業向けの情報と、さまざまな国の法律にもとづくコンプライアンス情報を提供する。
トラストセンター	**Azure を含むマイクロソフト社製品のセキュリティ、プライバシー、コンプライアンスの最新情報を提供する。**

▶ Microsoft Cloud Adoption Framework for Azure

　クラウドを初めて導入する場合、多くの不安材料があります。この不安材料を払
拭するため、マイクロソフト社は **Microsoft Cloud Adoption Framework for
Azure（CAF（キャフ））** を提供しています。CAF は、組織がクラウドで成功するた
めのベストプラクティスをまとめたドキュメントおよびツールです。組織は CAF を
利用することで、コンプライアンスに準拠したクラウドを効率的に導入できます。
CAF では、クラウドの導入のプロセスを、次の 4 つのステップで定義しています。

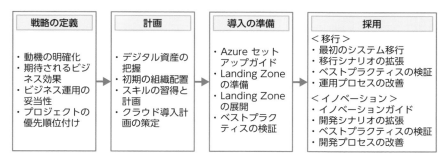

図 4.4-5　Microsoft Cloud Adoption Framework for Azure によるクラウド導入のプロセス (抜粋)

4

>> POINT!

CAF を利用し、戦略の定義、計画、導入の準備、採用の順番でクラウドを導入できる。

4.5 Azure のコスト管理

Azure は、使用した分だけを支払う従量課金です。そのため、毎月のコストを監視し、効率よく利用することで支払い額を軽減できます。また、Azure には、コストを最適化するためのオプションも豊富に用意されています。

Azure のコスト

Azure のコストは、使用した Azure サービスにより大きく異なります。また、**リソースを作成するリージョンやサービスのオプションによっても異なる**ため、リージョンごとの Azure サービスの料金体系やオプションの料金を正しく理解することが必要です。

次に、主な Azure サービスの料金例を紹介します。

▶ 仮想マシンの料金

仮想マシンは、仮想マシン、ディスク、ネットワークインターフェイス、パブリック IP アドレスなどの複数のリソースで構成されており、リソースごとに課金されます。まず、仮想マシンリソースは、その実行時間に対して分単位で課金されます。停止している仮想マシンの仮想マシンリソースは課金されません。したがって、夜間や週末などに小まめに仮想マシンを停止すれば、月額のコストを大幅に削減できます。ディスクのリソースは、ディスクの種類やサイズにより課金されます。なお、仮想マシンを停止しても、ディスクのリソースの課金は停止されません。また、仮想マシンを停止した場合、ネットワークインターフェイスのリソースは課金されませんが、**パブリック IP アドレスのリソースは課金されます**。

▶ Azure App Service の料金

Azure App Service には、無料から Isolated までいくつもの App Service プラン

が用意されています。選択した App Service プランの種類により、Web アプリの機能や性能、料金が異なります。

表 4.5-1　App Service プランの種類と特徴 (抜粋)

	無料	共有	Basic	Standard	Premium	Isolated
アプリ数	10	100	無制限	無制限	無制限	無制限
ディスク領域	1GB	1GB	10GB	50GB	250GB	1TB
インスタンスの共有／専用 ( ) 内の数字は、インスタンス数を示す。	共有	共有	専用 (3)	専用 (10)	専用 (30)	専用 (100)
カスタムドメイン	×	○	○	○	○	○
SSL	×	×	○	○	○	○
負荷分散	×	×	○	○	○	○

POINT!

ユーザーの要件にもとづき、最も安価な App Service プランを選択できるようにしておくこと。App Service プランは表 4.5-1 の右へ行くほど高価となる。例えば、SSL と負荷分散が必要な場合の最も安価なプランは Basic である。また、10GB 超のディスク領域を必要とする場合の最も安価なプランは Standard である。

● ストレージアカウントの料金

ストレージアカウントの作成は無料ですが、ストレージアカウントにデータを格納すると、そのデータサイズにもとづいて課金されます。この他、読み取りと書き込みの操作数をもとに、別途、追加料金が発生します。

● 仮想ネットワークの料金

仮想ネットワークやサブネットの作成は無料です。仮想ネットワークに仮想ネットワークゲートウェイ（VPN ゲートウェイや ExpressRoute ゲートウェイ）を作成した場合やピアリング接続を行った場合は、別途課金されます。

▶ Azure SQL Database の料金

Azure SQL Database は、マネージドな SQL Server のサービスです。Azure SQL Database は、インスタンスと呼ばれるデータベースエンジンの実行時間により課金されます。なお、**インスタンスは停止できないため、仮想マシンのように「停止することで課金を停止する」ことはできません。**

▶ Azure AD の料金

Azure AD のライセンスには、無料の Free と有料の Microsoft 365、Premium などがあります。既定は Free で、ユーザーやグループの作成などの管理はすべて無料で利用できます。有料の Premium では、条件付きアクセスなどの高度な機能が利用できます。なお、有料のライセンスは、ユーザーごとに割り当てて使用します。また、**1 名のユーザーに Microsoft 365 と Premium の両方のライセンスを割り当てることも可能です。**

▶ 帯域幅の料金

インターネット上のユーザーが仮想マシンやストレージアカウントとやり取りするなど、Azure データセンターから出るデータは、データ量に応じて課金されます。なお、課金されるのは、Azure データセンターから出るデータ（送信データ転送）のみです。例えば、Azure ExpressRoute を利用し、オンプレミスへデータを送信した場合も送信データ転送となるので、帯域幅の料金が発生します。一方、Azure データセンターに入るデータ（受信データ転送）は基本的に無料となります。また、**仮想マシン間のやり取りなどリージョン内のデータ転送は、送受信ともに無料となります。**

>> **POINT!**

使用していないストレージアカウントや仮想ネットワークは無料であるが、パブリック IP アドレスは、使用したか否かにかかわらず有料である。

Azure コストの最適化

Azure には、コストを削減する次のオプションが用意されています。ユーザーは、これらのオプションをうまく使うことで月々の支払い額を軽減できます。

▶ 予約

1 年間または 3 年間、リソースの使用を確約することで、Azure サービスを最大 72% の割引料金で利用できます。予約は、仮想マシンやストレージアカウント、Azure SQL Database など多くのサービスで利用可能です。

▶ スポット（Azure スポット仮想マシン）

現時点で Azure の各データセンターに**未使用または低負荷の仮想化ホストがある場合、その仮想化ホストを利用して、仮想マシンを安価に実行できます**。ただし、データセンターの仮想化ホストが不足してくると、自動的にその仮想マシンは、停止または削除されるか、通常の仮想マシンへ移行されます。スポットの価格は、余剰リソースの量により変動しますが、非常に安価です。

▶ ハイブリッド特典

Azure で Windows Server や SQL Server を利用する仮想マシンでは、これらソフトウェアのライセンス料金が別途必要です。もし、社内に Windows Server や SQL Server のライセンスが余っている場合、ハイブリッド特典を使用すれば、これらのライセンスをオンプレミスから Azure へ持ち込んで利用することが可能です。結果として、仮想マシンで使用するソフトウェアのライセンス料金が不要となるため、仮想マシンを安価に利用できます。**ハイブリッド特典は、予約と組み合わせて利用することができ、この場合、最大 85% の割引料金となります。**

ただし、ハイブリッド特典は、パッケージ版などの通常のライセンスでは利用できないので注意が必要です。**ハイブリッド特典を利用できるライセンスは、ボリュームライセンスのみで、なおかつオプションのソフトウェアアシュアランス（SA）を追加契約した場合に限られています。**

Azure コストの見積もりツール

マイクロソフト社は、Azure を導入する前に、そのコストを見積もるための次の
ツールを提供しています。なお、**これらのツールは無償で誰でも利用できます。**

▶ 料金計算ツール（**https://azure.microsoft.com/ja-jp/pricing/calculator/**）

Azure の製品やサービスを選択するだけで、簡単に 1 か月あたりのコストを計算
します。計算結果は、Excel シートとして保存可能です。

図 4.5-1　料金計算ツール

▶ TCO 計算ツール（**https://azure.microsoft.com/ja-jp/pricing/tco/calculator/**）

TCO（Total Cost of Ownership：総保有コスト）とは、システムの導入費用だけ
でなく、運用管理の費用まで含めた費用の総額のことです。TCO には、ソフトウェ
アとハードウェアのコスト以外にも、データセンターのコストや IT 人材のコスト、
電力コストなどが含まれます。TCO 計算ツールを使用すれば、ワークロードをオ
ンプレミスのデータセンターに展開した場合の TCO と、Azure に展開した場合の
TCO を比較し、**Azure へ移行した場合のコスト削減額を見積もることもできます。**

図 4.5-2 TCO 計算ツールによるオンプレミスと Azure のコスト比較

Azure コスト管理（Cost Management）

　Azure には、サブスクリプション内で使用中のリソースをすべて追跡し、コスト
を分析するサービスとして、**Azure コスト管理**が用意されています。

　Azure コスト管理は、Azure ポータルに統合されており、使いやすいダッシュボー
ドで、**管理グループ、サブスクリプション、リソースグループ単位でコストを監視
する**ことができます。

図 4.5-3 Azure コスト分析の月間レポート

>> **POINT!**

> Azure コスト管理は、当初、エンタープライズ契約（Enterprise Agreement：
> EA）のユーザーのみに提供されていたが、現在は従量課金契約のユーザーも利用
> できるようになっている。

Azure コスト管理の主な機能は次のとおりです。

▶ コストの予測

　機械学習によるコストの予測機能が用意されています。この予測機能は、これま
でのリソースの使用量や使用パターンをもとに最長 1 年間の将来のコストを予測す
るものです。

▶ タグにもとづくコスト分析

　**リソースのタグにもとづき、リソースの使用状況やその料金をまとめて表示でき
ます**。例えば、すべてのリソースに部門（人事部、経理部、営業部など）のタグを追
加しておけば、Azure コスト管理で部門ごとの使用状況やその料金を可視化するこ
とが可能です。

▶ コストのアラート

　コストのアラートは、**Azure の利用料金があらかじめ指定した予算額のしきい値
を超えたり、超えそうになった場合、ユーザーにメールで通知**する機能です。なお、
予算額の期間は、月単位、四半期ごと、毎年から選択できます。コストのアラート
により、Azure の使いすぎを防ぐことができます。

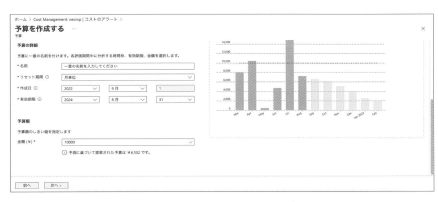

図 4.5-4　コストのアラートの設定

章末問題

Q1 仮想マシンを作成するために Azure ポータルへアクセスするときの URL として適切なものを 1 つ選択してください。

    A. https://admin.azure.com

    B. https://admin.azurevm.com

    C. https://portal.azure.com

    D. https://portal.azurevm.com

解説

　Azure ポータルは、Web ベースの Azure の管理ツールで、その URL は https://portal.azure.com です。よって、**C** が正解です。URL を忘れた場合に備えて、Azure ポータルを逆さから読むとそのまま（ポータル Azure）で、URL（portal.azure）になることを覚えておくと便利です。

[答]　C

Q2 あなたは、macOS Monterey がインストールされたコンピューターから Azure PowerShell スクリプトを実行する予定です。適切な作業を 2 つ選択してください。

    A. PowerShell パッケージをインストールする

    B. Python をインストールする

    C. Azure PowerShell モジュールをインストールする

    D. Azure Cloud Shell モジュールをインストールする

解説

　Azure PowerShell は、PowerShell ベースの Azure 用管理コマンドです。以前の PowerShell は Windows 専用でしたが、現在はオープンソースとなり、macOS や Linux でも「PowerShell パッケージ」をインストールすることで利用できま

す。なお、Azure PowerShell スクリプトを実行するためには、Azure に対応した PowerShell モジュールである「Azure PowerShell モジュール」もインストールする必要があります。よって、**A** と **C** が正解です。

[答] A、C

Q3 あなたは、Android オペレーティングシステムを実行するタブレットから仮想マシンを作成する予定です。適切な作業を 3 つ選択してください。

4

A. Azure ポータルを使用する

B. Power Apps ポータルを使用する

C. Azure CLI モジュールをインストールする

D. Azure PowerShell モジュールをインストールする

E. Azure Cloud Shell から PowerShell を使用する

F. Azure Cloud Shell から Bash を使用する

解説

Azure ポータルと Azure Cloud Shell は、どちらも Web ベースの管理ツールであり、一般的な Web ブラウザであれば、Android デバイスの Web ブラウザからもアクセスでき、仮想マシンを作成するなどの Azure の操作が可能です。よって、**A**、**E**、**F** が正解です。

[答] A、E、F

Q4 あなたは、Azure Cloud Shell の Bash コマンドラインを使用し、仮想マシンを作成したいと考えています。Bash コマンドラインの説明として適切なものを 3 つ選択してください。

A. Android デバイスで利用できる

B. Azure CLI コマンドを実行できる

C. Azure PowerShell コマンドを実行できる

D. Azure の共同管理者ロールとサービス管理者ロールのみで利用できる

Azure Cloud Shell を使用すれば、誰でも Web ブラウザから Azure の操作コマンドを実行できます。ブラウザベースのため、コンピューターだけでなく、iPhone やAndroid などのモバイルデバイスからも利用可能です。

Azure Cloud Shell には、シェル環境として PowerShell または Bash を選択できるという特徴があります。例えば、Windows ユーザーなら PowerShell、Linux ユーザーなら Bash といったように、ユーザーは使い慣れたシェル環境を選択できます。どちらのシェル環境からでも Azure CLI コマンドと Azure PowerShell コマンドを実行可能です。よって、**A**、**B**、**C** が正解です。

[答] A、B、C

Q5 Azure Resource Manager が提供する機能として適切なものを 3 つ選択してください。

A. リソースグループ
B. ロック
C. アクティビティログ
D. タグ
E. ダッシュボード
F. マネージドディスク

Azure Resource Manager（ARM）は、リソースの作成と管理、アクセス制御を行い、Azure 環境全体の一貫性を提供する内部のアーキテクチャです。ARM には、リソースを一元的に管理するための機能が多く用意されています。その代表例に、リソースをグループ化して管理する「リソースグループ」、リソースの削除や上書きを禁止する「ロック」、リソースに詳細な説明を追加する「タグ」などがあります。よって、**A**、**B**、**D** が正解です。

[答] A、B、D

Q6 あなたの会社では、100 台の仮想マシンと 100 個のストレージアカウントを新規作成する必要があります。この作業を自動的に行うには_____を使用します。空欄に入る適切なものを 1 つ選択してください。

A. ARM テンプレート
B. 仮想マシンスケールセット
C. 可用性セット
D. 可用性ゾーン

4

解説

　ARM テンプレートを使用すれば、複数の仮想マシンやストレージアカウントなどのリソースを自動的に作成することができます。よって、**A** が正解です。B の「仮想マシンスケールセット」は、負荷分散が行われる複数の仮想マシンを自動的に作成します。C の「可用性セット」は、複数の仮想マシンをそれぞれ異なる仮想化ホストやサーバーラックに配置します。D の「可用性ゾーン」は、複数の仮想マシンをそれぞれ異なるゾーン（データセンターを地理的に分割したグループ）に配置します。

[答] A

Q7 あなたの会社では、多くのリソースの使用用途が不明となっています。そのため、リソースごとにわかりやすい情報を付加したいと考えています。
解決策：タグを使用する
この解決策は要件を満たしていますか？

A. はい
B. いいえ

解説

　タグを使用すると、リソースにさまざまな情報を付加することができます。リソースに「本番環境用」や「評価環境用」などの使用用途をタグとして付加しておくと便利です。よって、**A** が正解です。

[答] A

Q8　タグについて、各特徴が正しい場合は「はい」、正しくない場合は「いいえ」を選択してください。

特　徴	は い	いいえ
リソースにタグを追加するには、Azure ポリシーが必要である	○	○
同じ名前のタグを複数のリソースに追加できる	○	○
1 つのリソースに最大 50 個までタグを追加できる	○	○

解説

　タグは、リソースに割り当て可能なメモ書きです。タグは、名前と値で構成されており、例えば、「責任者：吉田」のように追加できます。Azure ポータルやコマンドラインツールを使用し、リソースごとにタグを追加します（Azure ポリシーを使用すれば、自動的にタグを追加できますが、必須ではありません）。また、同じ名前のタグを複数のリソースに追加することもできます。さらに、タグは 1 つのリソースに最大 50 個まで追加できます。よって、正解は［答］欄の表のとおりです。

［答］

特　徴	は い	いいえ
リソースにタグを追加するには、Azure ポリシーが必要である	○	●
同じ名前のタグを複数のリソースに追加できる	●	○
1 つのリソースに最大 50 個までタグを追加できる	●	○

Q9　あなたは、突然停止した仮想マシンについて、障害の原因を究明するために Azure サービス正常性を確認するつもりです。Azure サービス正常性には、Azure ポータルのどのメニューからアクセスできますか？適切なメニューを 2 つ選択してください。

A. Azure Log Analytics

B. Azure モニター

C. アクティビティログ

D. ヘルプとサポート

解説

Azure サービス正常性を調査することで、障害の原因が Azure 側にあるのかユーザー側にあるのかを確認することができます。Azure サービス正常性には、Azure ポータルのサービスの一覧からだけでなく、Azure モニターや「ヘルプとサポート」からもアクセス可能です。よって、**B** と **D** が正解です。A の「Azure Log Analytics」は、Azure や他のクラウド、社内データセンターに対応した分析監視サービスです。C の「アクティビティログ」は、Azure での管理操作を記録するサービスです。

[答] B、D

4

Q10 _____ を使用すれば、仮想マシンが停止した場合、自動的にアラートを通知することが可能です。空欄に入る適切なものを 1 つ選択してください。

- **A.** Azure サービス正常性
- **B.** Azure Advisor
- **C.** Azure モニター
- **D.** アクティビティログ

解説

Azure モニターのアラート機能を使用すれば、仮想マシンの停止を条件に、アラートを通知することができます。よって、**C** が正解です。なお、A の「Azure サービス正常性」は、Azure データセンターの障害やメンテナンス情報を確認するサービス、B の「Azure Advisor」は、Azure のベストプラクティス（推奨事項）を提示するサービス、D の「アクティビティログ」は、Azure での管理操作を記録するサービスです。

[答] C

Q11 あなたの会社では、複数ソースのイベントを単一のリポジトリへ送信したいと考えています。最適なソリューションを 1 つ選択してください。

A. Azure モニター

B. アクティビティログ

C. Azure サービス正常性

D. Azure Event Hubs

解説

Azure Event Hubs は、Web サイト、アプリケーション、デバイスなどさまざまなソースからイベントをリアルタイムで取り込むことができるサービスです。取り込んだ後、データをサードパーティーのログ分析ソリューションやリポジトリ（保存場所）へまとめて送信することができます。よって、**D** が正解です。

[答] D

Q12 あなたの会社では、先週、何者かによって仮想マシンが無断で停止されました。誰が停止したかを突き止める必要があります。
解決策：アクティビティログを確認する
この解決策は要件を満たしていますか？

A. はい

B. いいえ

解説

アクティビティログは、Azure の操作ログであり、サブスクリプション内で行われた操作と、その操作を行ったユーザーや時間などが記録されています。アクティビティログは、過去 90 日分のログを保有しているので、先週の操作であればログで確認することができます。よって、**A** が正解です。

[答] A

Q13 あなたの会社では、アクティビティログを外部にエクスポートし、保管する予定です。検討すべきソリューションを 2 つ選択してください。

A. Azure Storage

B. Azure Data Box

C. Azure Data Factory

D. Azure Event Hubs

解説

アクティビティログには、過去 90 日分の操作履歴が保存されています。もし、90 日を超えるアクティビティログを保存したい場合は、Azure Storage へエクスポートするか、または Azure Event Hubs を介して、外部のリポジトリ（保存場所）へエクスポートすることを検討します。よって、**A** と **D** が正解です。B の「Azure Data Box」は、大量のデータを社内と Azure Storage 間でオフライン転送するサービスです。C の「Azure Data Factory」は、大量のデータの統合、集計、変換を行うサービスです。

[答] A、D

Q14 あなたの会社では、仮想マシンと社内データセンターにある物理サーバーの Windows コンピューターをまとめて監視したいと考えています。
解決策：Azure Log Analytics を採用する
この解決策は要件を満たしていますか？

A. はい

B. いいえ

解説

Azure Log Analytics は、ハイブリッドクラウドやマルチクラウドにも対応した監視と分析のサービスです。Windows コンピューターに Azure モニターエージェントをインストールすることで、Azure 仮想マシンだけでなく、オンプレミスの物理サーバーをはじめ、Hyper-V や VMware の仮想マシン、さらに他のクラウドの仮想マシンをまとめて監視および分析できます。よって、**A** が正解です。

[答] A

Q15 Azure Advisor について、各特徴が正しい場合は「はい」、正しくない場合は「いいえ」を選択してください。

特 徴	は い	いいえ
Azure Backup でバックアップされていない仮想マシンを提示する	○	○
オンプレミスと仮想ネットワークの接続方法を提示する	○	○
提示された推奨事項を適用しないとサポートを受けることができない	○	○

解説

　Azure Advisor は、信頼性、セキュリティ、パフォーマンス、コスト、オペレーショナルエクセレンスの 5 つの分野で推奨事項を提案してくれるサービスです。オペレーショナルエクセレンスとは、運用管理の最適化のことをいい、例えば表中の「Azure Backup でバックアップされていない仮想マシン」を提示します。表中の「オンプレミスと仮想ネットワークの接続方法を提示する」は単なる操作手順であり、推奨事項ではないので、Azure Advisor では提案しません。また、「提示された推奨事項を適用しないとサポートが受けられない」という制限はありません。よって、正解は［答］欄の表のとおりです。

［答］

特 徴	は い	いいえ
Azure Backup でバックアップされていない仮想マシンを提示する	●	○
オンプレミスと仮想ネットワークの接続方法を提示する	○	●
提示された推奨事項を適用しないとサポートを受けることができない	○	●

Q16 あなたの会社では、Azure Advisor を利用して、リソースの構成を分析し推奨事項を確認する予定です。Azure Advisor で提供される推奨事項として最適なものを 1 つ選択してください。

A. 仮想ネットワークにサブネットを追加する方法

B. 仮想マシンの実行コストを削減する方法

C. Azure ポータルをカスタマイズする方法

D. Azure AD テナントにユーザーを作成する方法

解説

　Azure Advisor は、現在のユーザーの Azure リソースの構成と使用法を分析し、信頼性、セキュリティ、パフォーマンス、コスト、オペレーショナルエクセレンスの 5 つの推奨事項を提示する無料のサービスです。B の「仮想マシンの実行コストを削減する方法」は、コストの推奨事項の一例です。よって、**B** が正解です。A の「仮想ネットワークにサブネットを追加する方法」、C の「Azure ポータルをカスタマイズする方法」、D の「Azure AD テナントにユーザーを作成する方法」は操作手順であり、推奨事項ではありません。

[答] B

Q17 Azure ポリシーを使用して制限可能なものを 2 つ選択してください。

A. ストレージの作成時、リソースの場所として特定のリージョンのみを許可する

B. 仮想マシンの開始と停止のみを許可する

C. サブスクリプションのキャンセルを許可する

D. 仮想マシンの作成時、ディスクの種類として SSD のみを許可する

解説

　Azure ポリシーを使用することで、サブスクリプションやリソースグループに標準を強制し、コンプライアンスを強化することができます。例えば、Azure ポリシーではリソースの作成時のプロパティを制限できます。A の「リソースの場所」と D の「ディスクの種類」は、どちらもリソースのプロパティであるため、制限できます。よって、**A** と **D** が正解です。なお、B の「仮想マシンの開始と停止のみを許可する」と C の「サブスクリプションのキャンセルを許可する」は RBAC ロールで設定します。

[答] A、D

Q18 Azure ポリシーを導入する手順を適切に並べ替えてください。

手順 1	
手順 2	
手順 3	
手順 4	

    A. イニシアティブ定義を作成する

    B. ポリシー定義を作成する

    C. サブスクリプションやリソースグループにイニシアティブ定義を割り当てる

    D. コンプライアンスに準拠していないリソースを確認する

解説

　Azure ポリシーを導入するには、次の 4 つの手順を実行します。

　まず、(1) ポリシー定義を作成します。ポリシー定義とは、リソースの作成時のパラメーターの値を制限する JSON ドキュメントです。例えば、リージョンのパラメーターを東日本と西日本に制限でき、国外へのリソースの作成を禁止できます。次に、(2) オプションでイニシアティブ定義を作成します。イニシアティブ定義は、複数のポリシー定義をグループ化したものです。さらに、(3) ポリシー定義またはイニシアティブ定義をサブスクリプションまたはリソースグループに割り当てます。これにより、Azure ポリシーが有効化されます。最後に、(4) Azure ポータルでコンプライアンスに準拠していないリソースを確認し、必要に応じて修正します。

　よって、正解は［答］欄の表のとおりです。

［答］

手順 1	**B.** ポリシー定義を作成する
手順 2	**A.** イニシアティブ定義を作成する
手順 3	**C.** サブスクリプションやリソースグループにイニシアティブ定義を割り当てる
手順 4	**D.** コンプライアンスに準拠していないリソースを確認する

Q19 あなたの会社では、Azure Blueprints を使用して、会社のコンプライアンス要件にサブスクリプションを準拠させたいと考えています。ブループリントの成果物として割り当てることができるものを2つ選択してください。

A. Azure ポリシー
B. RBAC ロール
C. 監査ログの有効化
D. リソースのタグ

解説

Azure Blueprints では、ブループリントに「成果物」を追加し、管理グループやサブスクリプションに割り当てます。成果物としては、Azure ポリシー、RBAC ロール、ARM テンプレート、リソースグループの4種類が指定できます。よって、**A** と **B** が正解です。

［答］A、B

Q20 あなたの会社では、操作ミスによるリソースの喪失を阻止することを検討しています。リソースに対して削除と上書きの両方を禁止する予定です。最適なソリューションを1つ選択してください。

A. リソースの属性として読み取り専用をチェックする
B. リソースに読み取り専用ロックを追加する
C. リソースに削除ロックを追加する
D. リソースに読み取り専用ロックと削除ロックの両方を追加する

解説

ユーザーの不注意によるリソースの上書きや削除を禁止することを、「ロック」といいます。ロックには削除ロックと読み取り専用ロックの2種類があり、削除ロックは、リソースの削除のみを禁止しますが、読み取り専用ロックは、リソースの上書きと削除の両方を禁止します。よって、**B** が正解です。

［答］B

Q21 Microsoft Cloud Adoption Framework for Azure の導入フェーズについて、適切な順番になるように手順を並べ替えてください。

手順 1	
手順 2	
手順 3	
手順 4	

- **A.** 導入の準備
- **B.** 計画
- **C.** 戦略の定義
- **D.** 採用

解説

　Microsoft Cloud Adoption Framework for Azure（CAF）は、クラウド導入のためのベストプラクティスをまとめたドキュメントおよびツールです。ユーザーはCAF を利用することで、クラウドを導入するための作業時間を節約できます。CAFのプロセスは、戦略の定義（クラウドを導入する動機の明確化など）、計画（クラウドの導入計画の作成など）、導入の準備（スキルとサポートの準備など）、採用（クラウドの導入計画の採用など）の順で進めていきます。よって、正解は［答］欄の表のとおりです。

［答］

手順 1	**C.** 戦略の定義
手順 2	**B.** 計画
手順 3	**A.** 導入の準備
手順 4	**D.** 採用

Q22 従量課金の仮想マシンの月額料金は、<u>常に変わりません</u>。下線を正しく修正してください。

- **A.** 変更不要
- **B.** リージョンによって変わります。

C. 使用時間によって変わります。

D. 仮想マシンのサイズや使用時間、リージョンによって変わります。

解説

　従量課金の仮想マシンの月額料金は、常に均一というわけではありません。仮想マシンのサイズ（CPU数やメモリサイズなど）や使用時間、リージョンによって変わります。よって、**D**が正解です。

[答] D

4

Q23 Azureの料金について、各特徴が正しい場合は「はい」、正しくない場合は「いいえ」を選択してください。

特　徴	は い	いいえ
ユーザーは Azure SQL Database を停止することができ、ユーザーが停止した Azure SQL Database に、料金は発生しない	○	○
Azure Storage 間のデータ転送は、リージョンが異なっていても料金は発生しない	○	○
Azure ExpressRoute によるオンプレミスへのデータ転送に、料金は発生しない	○	○

解説

　Azureの料金には次の特徴があります。

● Azure SQL Database は仮想マシンとは異なり、ユーザーによる停止はできません。したがって、Azure の料金に影響はありません。

● リージョンの外へデータを送信した場合、帯域幅の料金が発生します。Azure Storage 間のデータ転送でも例外はありません。

● Azure ExpressRoute によりオンプレミスへデータを送信した場合もリージョンの外へデータを送信したことになるので、帯域幅の料金が発生します。

よって、正解は[答]欄の表のとおりです。

[答]

特 徴	は い	いいえ
ユーザーは Azure SQL Database を停止することができ、ユーザーが停止した Azure SQL Database に、料金は発生しない	○	●
Azure Storage 間のデータ転送は、リージョンが異なっていても料金は発生しない	○	●
Azure ExpressRoute によるオンプレミスへのデータ転送に、料金は発生しない	○	●

Q24 あなたの会社では、未使用のリソースを削除することで、Azure のコストを削減することを検討しています。削除することでコスト削減に効果があるリソースを 1 つ選択してください。

    A. Azure AD ユーザーアカウント

    B. 仮想ネットワーク

    C. ネットワークインターフェイス

    D. パブリック IP アドレス

解説

Azure では、さまざまなリソースを作成できますが、リソースには有料のものと無料のものがあります。この有料と無料を見極めることが、Azure のコスト削減の大きなポイントです。例えば、Azure AD ユーザーアカウントや仮想ネットワーク、ネットワークインターフェイスの各リソースは無料です。しかし、パブリック IP アドレスのリソースは未使用でも有料です。よって、**D** が正解です。

[答] D

Q25 仮想マシンのコストについて、各特徴が正しい場合は「はい」、正しくない場合は「いいえ」を選択してください。

特 徴	は い	いいえ
すべてのリージョンで料金は均一である	○	○
秒単位で課金される	○	○
従量課金制では、いつでも開始と停止ができ、使用した分のみの課金となる	○	○

解説

仮想マシンのコストには、次のような特徴があります。

- 仮想マシンのコストは、仮想マシンの実行時間、ストレージ、データ転送の3つに分けられます。これらのコストは、リージョンによって料金が異なります。
- 仮想マシンの実行時間によるコストは、仮想マシンの実行中のみ課金されます。仮想マシンの停止中は課金されません。また、この実行時間は分単位で課金されます。従量課金制の場合、いつでも仮想マシンの開始と停止ができます。
- ストレージのコストは、仮想マシンの実行時間に関係なく常に課金されます。
- データ転送のコストは、仮想マシンから送信されるデータのみ課金されます。ただし、データの送信先が同じリージョン内のサービスの場合は無料となります。また、仮想マシンが受信するデータは常に無料です。

よって、正解は [答] 欄の表のとおりです。

[答]

特 徴	は い	いいえ
すべてのリージョンで料金は均一である	○	●
秒単位で課金される	○	●
従量課金制では、いつでも開始と停止ができ、使用した分のみの課金となる	●	○

Q26 あなたの会社では、夜間、仮想マシンを停止することにより、コストを削減することを計画しています。仮想マシンを停止してもコストが発生するものは何ですか？適切なものを1つ選択してください。

- A. 帯域幅
- B. ストレージ
- C. I/O 操作
- D. CPU 数とメモリサイズ

解説

仮想マシンの主なコストは、CPU 数とメモリサイズにもとづく仮想マシンの実行時間、ストレージ（仮想ディスク）、帯域幅（データ転送）です。仮想マシンを停止すると、仮想マシンの実行時間と帯域幅のコストは発生しませんが、ストレージの

コストは発生します。よって、**B** が正解です。

［答］B

Q27 Azure のコスト削減について、各特徴が正しい場合は「はい」、正しくない場合は「いいえ」を選択してください。

特　徴	は い	いいえ
予約は、余剰リソースを利用することで、コストを節約できる	○	○
予約とハイブリッド特典を組み合わせることで、さらにコストを節約できる	○	○
スポットは、仮想マシン、Azure SQL Database、Azure Cosmos DB などのリソースで使用できる	○	○

解説

　Azure のコストを削減する主な方法には、予約、スポット、ハイブリッド特典があります。予約は 1 年間または 3 年間、リソースの使用を確約することで、コストを削減できます。スポットは、Azure データセンターの余剰リソースを利用することで、コストを削減できます。このスポットを利用できるのは、仮想マシンのみです。また、すでに Windows Server や SQL Server などのライセンスを持っている場合、そのライセンスを Azure へ持ち込むことで、コストを削減することもできます。これをハイブリッド特典と呼びます。予約とハイブリッド特典を組み合わせると、最大で 85% のコスト削減が可能です。よって、正解は［答］欄の表のとおりです。

［答］

特　徴	は い	いいえ
予約は、余剰リソースを利用することで、コストを節約できる	○	●
予約とハイブリッド特典を組み合わせることで、さらにコストを節約できる	●	○
スポットは、仮想マシン、Azure SQL Database、Azure Cosmos DB などのリソースで使用できる	○	●

Q28 あなたの会社は、マイクロソフト社との間で、Windows Server と SQL Server のライセンスを含むソフトウェアアシュアランス契約を結んでい

ます。この度、オンプレミスの SQL Server を Azure の仮想マシンへ移行し、運用する予定です。運用のコストを最小限に抑える方法を 1 つ選択してください。

A. Azure の予約を購入する

B. 予算アラートを構成する

C. Azure ハイブリッド特典を使用する

D. Azure スポット仮想マシンを使用する

解説

マイクロソフト社とソフトウェアアシュアランス契約を結んでいる場合、Azure ハイブリッド特典を使用すれば、既存のオンプレミスの Windows Server や SQL Server のライセンスをクラウドへ持ち込むことで仮想マシンを割引価格で利用できます。よって、**C** が正解です。

[答] C

Q29 あなたの会社では、オンプレミスの SQL Server を Azure へ移行した際、電力コストがどれくらい削減されるかを確認したいと考えています。
解決策：総保有コスト（TCO）計算ツールを使用する
この解決策は要件を満たしていますか？

A. はい

B. いいえ

解説

Azure には、コストを予測するツールとして料金計算ツールと総保有コスト（TCO）計算ツールがあります。料金計算ツールは、Azure の製品やサービスを利用するための月次のコストを見積もります。一方、総保有コスト（TCO）計算ツールは、オンプレミスから Azure へ移行した場合のコスト削減額を見積もります。このコスト削減額には、電力コストも含まれます。よって、**A** が正解です。

[答] A

Q30 総保有コスト（TCO）計算ツールは ☐☐☐☐ できます。空欄に入る適切なものを 1 つ選択してください。

A. Azure サブスクリプション所有者のみが利用

B. Azure サブスクリプション管理者のみが利用

C. Azure AD ユーザーのみが利用

D. 誰でも利用

解説

　総保有コスト（TCO）計算ツールは、社内システムを Azure へ移行した場合の総保有コスト（TCO）の概算を計算する Web ベースのツールです。総保有コスト（TCO）計算ツールは誰でも無料で利用できます。よって、**D** が正解です。

[答] D

Q31 あなたの会社では、現在、1 つのサブスクリプションを複数の部門で使用しています。部門ごとの使用量レポートを生成するために ☐☐☐☐ を使用します。空欄に入る適切なものを 1 つ選択してください。

A. 管理グループ

B. Azure ポリシー

C. リソースグループ

D. タグ

解説

　Azure コスト分析のフィルタリング条件として、タグがよく使用されます。タグは、リソースに割り当てる情報であり、名前と値のペアで構成されています。あらかじめ、各リソースのタグに部門名を登録しておけば、Azure コスト分析で、部門ごとの使用量のレポートを簡単に生成できます。よって、**D** が正解です。A の「管理グループ」は、複数のサブスクリプションをまとめて管理するためのグループです。B の「Azure ポリシー」は、リソースに対してさまざまなルールと効果を適用し、組

織のコンプライアンスに準拠させます。Cの「リソースグループ」は、複数のリソースをまとめて管理するためのグループです。

［答］D

Q32 <u>コストのアラート</u>を使用して、Azureのコストが予算を超えた場合、アラートを自動的に生成します。下線を正しく修正してください。

4

- **A.** 変更不要
- **B.** コスト分析
- **C.** 料金計算ツール
- **D.** Power BI

解説

　Azureは使用した分だけ支払いをする従量課金であるため、毎月の料金を監視することが重要です。Azureポータルでは、あらかじめ予算を設定し、その予算を超えたり、超えそうになったりした場合、ユーザーへ電子メールを送信することができます。これを「コストのアラート」と呼びます。コストのアラートにより、Azureの使いすぎを防ぐことができます。よって、**A**が正解です。

［答］A

第 5 章

模擬試験

　Microsoft 認定試験の合格への近道は、自分で練習や経験を重ねること、つまり「習うより慣れろ」です。本章では、模擬試験問題を掲載しています。試験前の総まとめとして、是非チャレンジしてください。

5.1 模擬試験問題

Q1 リージョンについて、各特徴が正しい場合は「はい」、正しくない場合は「いいえ」を選択してください。

特　徴	は い	いいえ
リージョンは、米国東部リージョンと米国西部リージョンの2 種類のみが存在する	○	○
米国政府機関向けの特別なリージョンが存在する	○	○
リージョン内には 1 つ以上のデータセンターが存在する	○	○

Q2 あなたの会社には 100 台のファイルサーバーがありますが、最近、ストレージ容量の不足が発生しています。できる限り資本コスト（CAPEX）を抑えてストレージ容量を増強する予定です。検討すべきソリューションを 1 つ選択してください。

A. パブリッククラウド

B. プライベートクラウド

C. ハイブリッドクラウド

D. オンプレミス

Q3 あなたの会社では、初めて Azure を利用する予定です。最初に [　　　　] を作成します。空欄に入る適切なものを 1 つ選択してください。

A. 仮想ネットワーク

B. 仮想マシン

C. リソースグループ

D. サブスクリプション

Q4　Azure Advisor で提供されるベストプラクティスの分野として適切なものを 2 つ選択してください。

A. コスト

B. カスタマイズ

C. セキュリティ

D. 操作ヒント

Q5　あなたの会社では、BLOB ストレージを使用して、契約書データを安全に保存する予定です。データの保存に関して次の条件を満たしている必要があります。

・ほとんどアクセスされることはない

・できる限り安価に保存したい

最適な BLOB ストレージのアクセス層を 1 つ選択してください。

A. ホット

B. クール

C. アーカイブ

D. どれでも同じ

Q6　PaaS (Platform as a Service) について、各特徴が正しい場合は「はい」、正しくない場合は「いいえ」を選択してください。

特　徴	は い	いいえ
PaaS では利用者が OS を完全に制御できる	○	○
PaaS では利用者によるミドルウェアの変更が制限される	○	○
PaaS では利用者がアプリケーションを変更できる	○	○

Q7 あなたは、Windows コンピューターに Azure CLI をインストールしました。あなたは、Azure CLI のコマンドをテストしたいと考えています。
解決策：PowerShell プロンプトで、Azure CLI コマンドを実行する
この解決策は要件を満たしていますか？

A. はい
B. いいえ

Q8 [　　　　　] は、複数のサブスクリプションをまとめて管理することができます。空欄に入る適切なものを 1 つ選択してください。

A. 管理グループ
B. リソースグループ
C. Azure ポリシー
D. Azure Blueprints

Q9 あなたの会社では、社内データセンターを廃止し、全面的にクラウドデータセンターへ移行する予定です。検討すべきソリューションを 1 つ選択してください。

A. 社内データセンターへのサーバーの追加
B. パブリッククラウド
C. プライベートクラウド
D. ハイブリッドクラウド

Q10 Azure の無料アカウントについて、各特徴が正しい場合は「はい」、正しくない場合は「いいえ」を選択してください。

特　徴	は い	いいえ
Azure 無料アカウントは、利用可能な金額に制限がある	○	○
Azure 無料アカウントは、無制限に Web アプリを作成できる	○	○
Azure 無料アカウントは、Azure へアップロードできるデータ量に制限がある	○	○

Q11 あなたは、Azure ポリシーを使用して、サブスクリプションで使用できるリージョンを東日本リージョンのみに制限しました。しかし、すでに仮想マシンを東アジアリージョンに作成済みです。この仮想マシンはどうなりますか？適切なものを 1 つ選択してください。

A. 仮想マシンのリージョンが自動的に東日本リージョンに変更される

B. 仮想マシンは停止する

C. 仮想マシンは削除される

D. 仮想マシンは引き続き使用できる

Q12 クラウドサービスは 　　　　　 により、変化する要求に迅速に対応できます。空欄に入る適切なものを 1 つ選択してください。

A. 高可用性

B. 管理性

C. 俊敏性

D. 弾力性

Q13 あなたの会社では、複数の仮想マシンに対して同じアクセス権を割り当てる予定です。できる限り簡単にアクセス権を割り当てるための準備を 1 つ選択してください。

    A. 仮想マシンを同じ管理グループに追加する

    B. 仮想マシンを同じリソースグループに追加する

    C. 仮想マシンを同じネットワークセキュリティグループに追加する

    D. 仮想マシンを同じ Azure Active Directory グループに追加する

Q14 あなたの会社では、レガシーデータベースを使用する App1 というアプリケーションを持っています。あなたは、App1 をクラウドへ移行する予定です。移行先として最適なクラウドサービスの種類を 1 つ選択してください。

    A. SaaS

    B. PaaS

    C. IaaS

Q15 Azure Site Recovery は仮想マシンに 　　　　 を提供します。空欄に入る適切なものを 1 つ選択してください。

    A. フォールトトレランス

    B. 高スケーラビリティ

    C. 高可用性

    D. 災害復旧対策

Q16 リソースのタグについて、各特徴が正しい場合は「はい」、正しくない場合は「いいえ」を選択してください。

特 徴	は い	いいえ
1 つのリソースに複数のタグを追加できる	○	○
RBAC ロールを使用して、自動的にタグをリソースに追加できる	○	○
リソースグループにタグを追加すると、そのリソースグループ内のリソースにも自動的にタグが追加される	○	○

Q17 あなたの会社では、仮想ネットワークと社内ネットワークをインターネット VPN で接続するサイト間接続を計画しています。あなたは、サイト間接続のため、社内の VPN デバイスを設定します。Azure で作成すべき適切なリソースを 1 つ選択してください。

A. ゲートウェイサブネット

B. 仮想ネットワークゲートウェイ

C. ローカルネットワークゲートウェイ

D. 接続

Q18 クラウドの機能である垂直スケーリングの例として、適切なものを 2 つ選択してください。

A. 新規の仮想マシンを追加する

B. 既存の仮想マシンを停止する

C. 既存の仮想マシンに CPU を追加する

D. 既存の仮想マシンにメモリを追加する

Q19 あなたは、ストレージアカウントのブロック BLOB のアーカイブ層にデータを格納しました。後日、このデータを AzCopy コマンドで、別の場所へコピーしたいと考えています。最適な方法を 1 つ選択してください。

A. データにロックを追加する

B. データにアクセスする前に復元する

C. データにアクセスする前にリハイドレートする

D. AzCopy コマンドではコピーできない

Q20 Azure App Service の特徴として正しいものを 2 つ選択してください。

A. OS を操作できる

B. メモリなどのリソースを増減できる

（選択肢は次ページに続きます。）

C. 任意のミドルウェアをインストールできる

D. アプリケーションに新しい機能を継続的に追加する開発サービスを持つ

Q21 　　　　　　　は、Azure のリソースの作成、管理、アクセス制御を行い、Azure 環境全体の一貫性を提供します。空欄に入る適切なものを 1 つ選択してください。

A. Azure ポリシー

B. Azure Blueprints

C. Azure 管理グループ

D. Azure Resource Manager

Q22 各クラウドサービスについて、適切な分類を選択してください。

クラウドサービス	分類
Azure SQL Database	
DNS サービスをインストールした仮想マシン	
Microsoft 365	
Microsoft Intune	

A. SaaS

B. PaaS

C. IaaS

Q23 クラウドにおいて、ユーザーが物理的に近いデータセンターを利用することで、得られるメリットは何ですか？最適なものを 1 つ選択してください。

A. 弾力性

B. 高可用性

C. 低遅延

D. 高パフォーマンス

Q24 Azure AD について、各特徴が正しい場合は「はい」、正しくない場合は「いいえ」を選択してください。

特 徴	はい	いいえ
1 名のユーザーに複数のライセンスを割り当てることができる	○	○
社内の AD DS と同期できる	○	○
ドメインコントローラーの仮想マシンが必要である	○	○

Q25 あなたの会社では、Azure でシステムを運用するにあたり、Azure が取得済みのコンプライアンス認証を確認したいと考えています。
解決策：トラストセンターで確認する
この解決策は要件を満たしていますか？

A. はい
B. いいえ

Q26 Microsoft Sentinel において、セキュリティアラートやインシデントに対する自動化には ☐ を使用します。空欄に入る適切なものを 1 つ選択してください。

A. ワークスペース
B. データコネクタ
C. プレイブック
D. ハンティング

Q27 仮想マシンと Azure Logic Apps は、いずれも IaaS である。この文は正しいですか？

A. はい
B. いいえ

Q28 Azure Blueprints について、各特徴が正しい場合は「はい」、正しくない場合は「いいえ」を選択してください。

特　徴	は い	いいえ
ブループリントの成果物として、ARM テンプレートを追加できる	○	○
ブループリントの成果物として、RBAC ロールを追加できる	○	○
ブループリントをリソースグループに割り当てることができる	○	○

Q29 あなたは、Azure 仮想マシンを予約で購入する予定です。予約期間として適切なものを 2 つ選択してください。

A. 1 年

B. 3 年

C. 5 年

D. 10 年

Q30 すべてのハードウェアをクラウドサービスプロバイダーが所有し、複数のテナントで共有するクラウドモデルは [　　　] と [　　　] です。空欄に入る適切なものを 2 つ選択してください。

A. パブリッククラウド

B. プライベートクラウド

C. ハイブリッドクラウド

D. マルチクラウド

Q31 あなたは、仮想マシンのネットワークセキュリティを向上させるためにネットワークセキュリティグループを割り当てる予定です。適切な割り当て先を 2 つ選択してください。

A. 仮想ネットワーク

B. 仮想ネットワークのサブネット

C. 仮想マシン

D. 仮想マシンのネットワークインターフェイス

Q32 Azure Storage のストレージアカウントについて、各特徴が正しい場合は「はい」、正しくない場合は「いいえ」を選択してください。

特 徴	は い	いいえ
最大 2TB までデータを格納できる	○	○
データのコピーを最低 3 つ保持する	○	○
すべてのデータは異なるデータセンターにコピーされる	○	○

Q33 あなたの会社では、システムに対する負荷が週末と月末に集中します。クラウドの ☐☐☐☐☐☐ がコスト削減に役立ちます。空欄に入る適切なものを 1 つ選択してください。

A. 可用性

B. 信頼性

C. 弾力性

D. 低遅延

Q34 Azure で料金が発生するものはどれですか？ 適切なものを 1 つ選択してください。

A. リソースグループを作成する

B. リージョン内の仮想マシン間でデータを転送する

C. Azure からオンプレミスへ VPN を使ってデータを転送する

D. オンプレミスから Azure へインターネットを使ってデータを転送する

Q35 Azure サービス正常性について、各特徴が正しい場合は「はい」、正しくない場合は「いいえ」を選択してください。

特 徴	は い	いいえ
Azure サービス正常性では、ダッシュボードを使用して、サービスの正常性を確認できる	○	○
Azure サービス正常性では、正常性アラートを使用して、サービスの異常を通知できる	○	○
Azure サービス正常性では、特定のサービスの障害を防止できる	○	○

Q36 可用性ゾーンは、　　　　　　　　の障害に対処することができます。空欄に入る適切なものを 1 つ選択してください。

A. リージョン

B. データセンター

C. データセンター内のサーバーラック

D. サーバーラック内の仮想化ホスト

5.2 模擬試験問題の解答と解説

Q1

　リージョンはリソースを格納する場所であり、米国だけではなく、日本を含め世界中に多くのリージョンが存在します。また、米国政府機関向けに高いセキュリティを提供する特別なリージョンも存在します。リージョン内には必ず1つ以上のデータセンターが存在し、リソースの二重化によるフォールトトレランスを実現することができます。よって、正解は［答］欄の表のとおりです。

［答］

特　徴	は い	いいえ
リージョンは、米国東部リージョンと米国西部リージョンの2種類のみが存在する	○	●
米国政府機関向けの特別なリージョンが存在する	●	○
リージョン内には1つ以上のデータセンターが存在する	●	○

Q2

　会社のファイルサーバーのストレージ容量を増強するには、オンプレミスにストレージを追加するか、またはクラウドのストレージを利用するかの二択となります。オンプレミスにストレージを追加すると、設備投資となり、資本コスト（CAPEX）が増加します。一方、クラウドのストレージを利用すると、運用コスト（OPEX）のみ増加し、資本コスト（CAPEX）は増加しません。したがって、CAPEXを抑えるためには、クラウドのストレージを利用することが適切です。このように、オンプレミスである会社のファイルサーバーとクラウドのストレージを併用するクラウド環境はハイブリッドクラウドになります。よって、**C**が正解です。

［答］C

Q3

初めて Azure を利用する際は、サインアップを行い、サブスクリプションを作成する必要があります。サブスクリプションとは、Azure のリソースを格納するためのコンテナーです。サブスクリプションがなければ、Azure を利用できません。よって、**D** が正解です。

[答] D

Q4

Azure Advisor は、ユーザーの構成と使用状況を分析し、ベストプラクティス（推奨事項）を提供するサービスです。Azure Advisor では、信頼性、セキュリティ、パフォーマンス、コスト、オペレーショナルエクセレンスを向上させるための提案を行います。よって、**A** と **C** が正解です。

[答] A、C

Q5

BLOB ストレージには、データの種類に応じてホット、クール、アーカイブの 3 種類のアクセス層があり、適切なアクセス層を選択することで、コスト効率の高い方法を用いてデータを格納できます。アーカイブは、ほとんどアクセスされないデータの格納に最適化されており、かつ最も安価です。よって、**C** が正解です。A の「ホット」は、頻繁にアクセスするデータの格納に最適化されています。B の「クール」は、アクセス頻度の低いデータの格納に最適化されています。このように、ホット、クール、アーカイブにはそれぞれ特徴があり、どれでも同じというわけではありません。

[答] C

Q6

PaaS（Platform as a Service）は、アプリケーションの実行環境を提供するサービスです。管理負荷を減らすため、OS やミドルウェアはクラウドサービスプロバイ

ダーが管理します。そのため、利用者による OS やミドルウェアの変更は制限されます。よって、正解は［答］欄の表のとおりです。

［答］

特　徴	はい	いいえ
PaaS では利用者が OS を完全に制御できる	○	●
PaaS では利用者によるミドルウェアの変更が制限される	●	○
PaaS では利用者がアプリケーションを変更できる	●	○

Q7

Azure CLI は、az コマンドによって、Azure リソースを操作するコマンドラインツールです。Azure CLI は、Windows コンピューターのコマンドプロンプトと PowerShell プロンプトのどちらからでも実行できます。よって、**A** が正解です。

［答］A

Q8

複数のサブスクリプションをまとめて、ロールベースのアクセス制御（RBAC）ロールや Azure ポリシーを一括で設定するには、管理グループを使用します。よって、**A** が正解です。

［答］A

Q9

クラウドサービスプロバイダーが提供するデータセンターを利用するクラウド環境の種類を、「パブリッククラウド」といいます。全面的にパブリッククラウドを採用すれば、社内データセンターを廃止し、その運用管理の負荷を無くすことができます。よって、**B** が正解です。A の「社内データセンターへのサーバーの追加」では、社内データセンターは廃止できません。C の「プライベートクラウド」は、一部例外もありますが、社内データセンターにクラウド環境を構築するものであり、D の「ハイブリッドクラウド」は、社内データセンターとクラウドデータセンターを連携す

るクラウド環境です。いずれも社内データセンターを廃止することはできません。

[答] B

Q10

　Azure 無料アカウントは、初めて Azure を利用するユーザーのための評価用のサブスクリプションを含みます。期間は 30 日間、上限額は 22,500 円という制限がありますが、自由に Azure を利用することができます。ただし、Azure 無料アカウントではクォータ制限を緩和することができないので、一般的な Azure のクォータ制限に従う必要があります。なお、作成できる Web アプリ数にはクォータ制限がありますが、Azure へアップロードできるデータ量にはクォータ制限はありません。よって、正解は [答] 欄の表のとおりです。

[答]

特　徴	はい	いいえ
Azure 無料アカウントは、利用可能な金額に制限がある	●	○
Azure 無料アカウントは、無制限に Web アプリを作成できる	○	●
Azure 無料アカウントは、Azure へアップロードできるデータ量に制限がある	○	●

Q11

　Azure ポリシーにより、リージョンを制限し、会社のコンプライアンスに適合させることができます。ただし、Azure ポリシーの割り当て前に作成したリソースについては、その制限を受けません。よって、この設問の場合、仮想マシンは引き続き使用できるので **D** が正解です。

[答] D

Q12

　クラウドサービスの「俊敏性」とは、ワンクリックで IT リソースが準備できるなど変化に素早く対応できることです。よって、**C** が正解です。なお、A の「高可用性」は使いたいときにいつでも使えること、B の「管理性」は誰でも使えること、D の「弾力

性」は、使いたいときに IT リソースを確保し、不要になったときに解放することです。

[答] C

Q13

リソースグループにアクセス権を割り当てることで、リソースグループ内のすべてのリソースにアクセス権を継承することができます。このように、リソースグループは、複数のリソースにまとめてアクセス権を割り当てる際に便利です。よって、**B** が正解です。

[答] B

5

Q14

保証期間が終了し、今日ではサポートされていないレガシーな OS やアプリケーション、データベースは、自己責任で IaaS のみに展開できます。よって、**C** が正解です。

[答] C

Q15

Azure Site Recovery は、仮想マシンを複製（レプリケーション）するサービスであり、仮想マシンの移行や災害復旧対策に用いられます。よって、**D** が正解です。Azure Site Recovery を利用すると、リージョン間で仮想マシンを複製し、リージョンの災害時に、別リージョンで仮想マシンを稼働させることができます。なお、A の「フォールトトレランス」は、システムの停止やダウンタイムを防ぐことですが、Azure Site Recovery の場合、災害時にシステムの停止とダウンタイムがあるため、これに該当しません。

[答] D

Q16

Azure では、各リソースにメモ書きとしてタグを追加することができます。タグは名前と値で構成されており、使い方は自由です。1 つのリソースに対して、最大

50 個までタグを追加できます。また、リソースにタグを自動的に追加したい場合は、Azure ポリシーを使用します。なお、リソースグループにタグを追加しても、それはあくまでもリソースグループに対するタグであり、そのリソースグループ内のリソースには継承されません。よって、正解は [答] 欄の表のとおりです。

[答]

特 徴	は い	いいえ
1 つのリソースに複数のタグを追加できる	●	○
RBAC ロールを使用して、自動的にタグをリソースに追加できる	○	●
リソースグループにタグを追加すると、そのリソースグループ内のリソースにも自動的にタグが追加される	○	●

Q17

　仮想ネットワークと社内ネットワークを接続するには、サイト間接続を設定する必要があります。サイト間接続では、仮想ネットワークと社内ネットワークの双方に VPN 装置が必要です。仮想ネットワークの VPN 装置は、Azure リソースの仮想ネットワークゲートウェイとして作成します。一方、社内ネットワークの VPN 装置は、ソフトウェアベースまたはハードウェアベースの VPN デバイスを準備し、社内に設置します。なお、社内に設置した VPN デバイスの IP アドレスなどの情報は、Azure リソースとして作成したローカルネットワークゲートウェイに設定します。よって、**C** が正解です。

[答] C

Q18

　スケーリングには、IT リソースの性能を向上または低下させる垂直スケーリングと、IT リソースの数を増加または減少させる水平スケーリングがあります。C の「既存の仮想マシンに CPU を追加する」と D の「既存の仮想マシンにメモリを追加する」は、どちらも IT リソースの性能を向上させる垂直スケーリングの例です。よって、**C** と **D** が正解です。なお、A の「新規の仮想マシンを追加する」と B の「既存の仮想マシンを停止する」は水平スケーリングの例です。

[答] C、D

Q19

　ストレージアカウントのブロック BLOB には、ホット、クール、アーカイブの3種類のアクセス層が提供されており、ユーザーはデータごとにアクセス層を選択することができます。最も安価にデータを格納できるアーカイブ層にデータを格納した場合、そのデータを取り出すには、いったん、アクセス層をホットまたはクールへ変更する必要があります。これを「リハイドレート」と呼びます。ストレージアカウント向けのコピーコマンドである AzCopy コマンドを使用する場合でも、アーカイブ層のデータを取り出すには、リハイドレートが必要です。よって、**C** が正解です。

[答] C

Q20

　Azure App Service は、Web アプリの実行環境を提供する PaaS のサービスです。Azure App Service では、Web アプリを「インスタンス」と呼ばれる仮想マシンで実行します。このインスタンスに割り当てるメモリなどのリソースは、価格レベルを変更することで増減できます。さらに、負荷に応じてインスタンス数を自動的に増減する自動スケールも可能です。また、開発者を支援するため、アプリケーションの開発、テスト、展開を自動化する「継続的なデプロイ」すなわち CI/CD（継続的インテグレーション／継続的デリバリー）もサポートしています。ただし、Azure App Service は PaaS なので、OS やミドルウェアの操作はできません。よって、**B** と **D** が正解です。

[答] B、D

Q21

　リソースの作成、管理、アクセス制御を行い、Azure 環境全体の一貫性を提供するのは、Azure Resource Manager の特長です。よって、**D** が正解です。A の「Azure ポリシー」は、リソースに対してルールと効果を適用し、組織のコンプライアンスに準拠させるサービスです。B の「Azure Blueprints」は、Azure ポリシー、RBAC ロール、ARM テンプレート、リソースグループをサブスクリプションへ迅速に割り当てることができます。また、C の「Azure 管理グループ」は、RBAC ロールや Azure ポリシーを複数のサブスクリプションへまとめて割り当てることができます。

[答] D

Q22

　マイクロソフト社が提供するクラウドサービスのうち、Microsoft 365 と Microsoft Intune は SaaS です。また、Azure は基本的に PaaS ですが、仮想マシンは IaaS となります。よって、正解は［答］欄の表のとおりです。

［答］

クラウドサービス	分類
Azure SQL Database	**B.** PaaS
DNS サービスをインストールした仮想マシン	**C.** IaaS
Microsoft 365	**A.** SaaS
Microsoft Intune	**A.** SaaS

Q23

　データを要求してから、そのデータを受け取るまでの時間を遅延といいます。応答が速い場合は低遅延、応答が遅い場合は高遅延となります。ユーザーとデータセンターの物理的な距離が近ければ、遅延も小さくなります。よって、**C** が正解です。

［答］ C

Q24

　Azure AD は無料で利用できますが、使用する機能によっては、ユーザーごとに有料のライセンスを購入する必要があります。有料のライセンスには、Azure AD Premium や Microsoft 365 があり、1 名のユーザーに、これらの複数のライセンスを割り当てることができます。

　また、Azure AD は、Windows Server が提供する Active Directory Domain Services（AD DS）と同期はできますが、直接的な関係はありません。したがって、Azure AD では、Active Directory ドメインコントローラー（Windows Server で構築する AD DS のサーバー）を用意する必要はありません。

　よって、正解は［答］欄の表のとおりです。

[答]

特　徴	は い	いいえ
1 名のユーザーに複数のライセンスを割り当てることができる	●	○
社内の AD DS と同期できる	●	○
ドメインコントローラーの仮想マシンが必要である	○	●

Q25

　トラストセンターは、Microsoft Service Trust Portal（https://servicetrust.microsoft.com/）で提供されるコンテンツの 1 つです。トラストセンターでは、Azure の取得済みのコンプライアンス認証の一覧を確認することができます。よって、**A** が正解です。

[答] A

Q26

　Microsoft Sentinel は、セキュリティアラートやインシデントに対して、プレイブックによる自動処理をサポートしています。プレイブックの実体は、Azure Logic Apps のロジックアプリなので、プログラミングなしで自動処理のワークフローが作成可能です。よって、**C** が正解です。

[答] C

Q27

　仮想マシンは、プロセッサやメモリ、ディスクなどの IT リソースを提供する IaaS（Infrastructure as a Service）に該当します。一方、Azure Logic Apps は、アプリケーションの実行環境を提供する PaaS（Platform as a Service）に該当します。よって、**B** が正解です。

[答] B

Q28

　Azure Blueprints は、サブスクリプションの初期設定を自動的に行うサービスです。Azure Blueprints では、リソースのブループリントを作成し、Azure ポリシー、RBAC ロール、ARM テンプレート、リソースグループを成果物として追加します。そして、ブループリントを管理グループまたはサブスクリプションに割り当てて使用します。なお、ブループリントは、リソースグループに割り当てることはできません。よって、正解は [答] 欄の表のとおりです。

[答]

特　徴	はい	いいえ
ブループリントの成果物として、ARM テンプレートを追加できる	●	○
ブループリントの成果物として、RBAC ロールを追加できる	●	○
ブループリントをリソースグループに割り当てることができる	○	●

Q29

　Azure の予約は、1 年分または 3 年分のリソースの使用を確約することで、割引が受けられる制度です。予約は、仮想マシンをはじめ、ストレージアカウントや Azure SQL Database など多くのサービスで利用可能です。よって、**A** と **B** が正解です。

[答] A、B

Q30

　すべてのハードウェアをクラウドサービスプロバイダーが所有し、複数のユーザー（テナント）で共有するクラウドモデルは、「パブリッククラウド」または「マルチクラウド」です。よって、**A** と **D** が正解です。なお、B の「プライベートクラウド」ではすべてのハードウェアをユーザーが所有し、C の「ハイブリッドクラウド」では一部のハードウェアをユーザーが所有します。

[答] A、D

Q31

　ネットワークセキュリティグループは、仮想マシンのためのファイアウォールです。ネットワークセキュリティグループにより、仮想マシンが送受信するトラフィックを許可もしくは拒否することができます。なお、ネットワークセキュリティグループは、仮想ネットワークのサブネット、または仮想マシンのネットワークインターフェイスに割り当て可能ですが、直接、仮想ネットワークや仮想マシンには割り当てできません。よって、**B** と **D** が正解です。

[答] B、D

5

Q32

　Azure Storage を利用するには、ストレージアカウントを作成します。ストレージアカウントは、最大 5PB までデータを格納することができます。ストレージアカウントにデータを格納すると、自動的にデータは 3 重以上にミラーリングされ、保護されます。ただし、冗長オプションがローカル冗長ストレージ（LRS）の場合、データは同じデータセンター内でミラーリングされます。よって、正解は [答] 欄の表のとおりです。

[答]

特 徴	はい	いいえ
最大 2TB までデータを格納できる	○	●
データのコピーを最低 3 つ保持する	●	○
すべてのデータは異なるデータセンターにコピーされる	○	●

Q33

　クラウドの特徴の 1 つである「弾力性」により、ニーズ（負荷）に合わせて、システムをスケールアップまたはスケールダウンできるので、必要に応じたコストを支払うだけで済みます。よって、**C** が正解です。

[答] C

Q34

Azure では、Azure データセンターから送信（ダウンロード）されるデータに対して料金が発生します。これはインターネット、VPN、ExpressRoute のどのネットワークを介しても発生します。一方、Azure データセンターへの送信（アップロード）とリージョン内のデータ転送は無料です。また、リソースグループの作成に料金は発生しません。よって、**C** が正解です。

[答] C

Q35

Azure サービス正常性は、Azure の各サービスの正常性をチェックするサービスです。正常性は、いつでもダッシュボード画面で確認できます。また、サービスの異常時には、正常性アラートを使用して利用者へ連絡することができます。Azure サービス正常性は、サービスの障害を検出するだけで、防止することはできません。よって、正解は [答] 欄の表のとおりです。

[答]

特徴	はい	いいえ
Azure サービス正常性では、ダッシュボードを使用して、サービスの正常性を確認できる	●	○
Azure サービス正常性では、正常性アラートを使用して、サービスの異常を通知できる	●	○
Azure サービス正常性では、特定のサービスの障害を防止できる	○	●

Q36

可用性ゾーンは、簡単に説明すると、データセンターを指定して仮想マシンを作成する機能です。複数の仮想マシンをそれぞれ異なるデータセンターに配置できるため、データセンターそのものの障害に対処することができます。よって、**B** が正解です。なお、データセンター内の障害に対処するには、可用性セットを利用して、仮想マシンを異なるサーバーラックや仮想化ホストに配置します。

[答] B

索引

A

Application Insights 148
ARM テンプレート 141
AZ-900 : Microsoft Azure
Fundamentals 11
AzCopy 87
Azure Active Directory (Azure AD)
.... 92, 160
Azure AD Domain Services (Azure AD
DS) 98
Azure AD 外部 ID 96
Azure AD ロール 100
Azure Advisor 149
Azure App Service 68, 158
Azure Arc 27, 140
Azure Backup 150
Azure Blueprints 154
Azure China 57
Azure CLI 137
Azure Cloud Shell 139
Azure Container Instances (ACI) 66
Azure Data Box 89
Azure DNS 80
Azure ExpressRoute 79
Azure File Sync 89
Azure Firewall 75
Azure Functions 67
Azure Global 57
Azure Government 57
Azure Kubernetes Service (AKS) 66
Azure Log Analytics 146
Azure Logic Apps 67

Azure Marketplace 59
Azure Migrate 90
Azure PowerShell 138
Azure Repos 68
Azure Resource Manager (ARM) 140
Azure Site Recovery 151
Azure SQL Database 160
Azure Storage 83
Azure Storage Explorer 88
Azure Virtual Desktop 68
Azure アカウント 51
Azure 仮想マシン 58
Azure コンピューティングサービス 58
Azure サービス正常性 143
Azure サブスクリプション 50, 52
Azure ストレージサービス 83
Azure ネットワーキングサービス 70
Azure ポータル 136
Azure ポリシー 152
Azure 無料アカウント 51
Azure モニター 144
Azure モニターログ 146

B

BLOB 84

C

CAPEX 28

I

IaaS 33
ID 管理 91

J

Just-In-Time VM アクセス 104

M

Microsoft Azure......................... 10，18，23
Microsoft Azure の認定資格 10
Microsoft Cloud Adoption Framework
for Azure (CAF) 156
Microsoft Defender for Cloud 103
Microsoft Learn 17
Microsoft Sentinel 104
Microsoft Service Trust Portal (STP)
.... 155
Microsoft 認定資格ダッシュボード 13

O

OPEX... 28

P

PaaS 32

R

RBAC ロール 99

S

SaaS 32

T

TCO 計算ツール 162

V

VPN ゲートウェイ 78

あ行

アクセス管理... 99
アクティビティログ 145

アプリケーションセキュリティグループ
(ASG) 74
アラート 146
イニシアティブ定義 153
運用コスト 28
オンデマンドセルフサービス.......................30
オンプレミス 22

か行

仮想化ホスト 58
仮想ネットワーク 70
仮想ネットワークゲートウェイ 78
仮想マシン 58
仮想マシンスケールセット.......................64
ガバナンス 152
可用性.. 29
可用性セット 62
可用性ゾーン 63
監視 143
管理グループ 54
管理性.. 30
規模の経済 22
キュー.. 85
クォータ制限 53
クラウド... 22
クラウドコンピューティング.......................22
クラウドサービスプロバイダー 22
クラウドモデル 24
グローバルピアリング 76
更新ドメイン 62
コスト管理....................................... 158，163
コンテナー... 65
コンプライアンス 152

さ行

サーバーレスコンピューティング...............66

サービスタグ 74
災害復旧 150
サイト間接続 77
サブネット 71
自動スケーリング 64
資本コスト 28
従量課金 27, 158
俊敏性 30
障害ドメイン 62
条件付きアクセス 98
承認 91
シングルサインオン 92
スケーラビリティ 29
スケーリング 30
ストレージアカウント 83
スポット 161
責任分担モデル 33
セキュリティ管理 101
セキュリティトークン 92
ゼロトラスト 102

た行

タグ 142
多層防御 101
多要素認証 96
弾力性 29
データセンター 55
テーブル 85
同期サービス 88
トラストセンター 156

な行

認証 91
ネットワークセキュリティグループ (NSG)
.... 72

は行

ハイパーバイザー 58
ハイブリッドクラウド 26
ハイブリッド特典 161
パスワードレス認証 97
バックアップ 150
パブリックエンドポイント 81
パブリッククラウド 24
ピアリング 76
ファイル共有 85
フォールトトレランス 29
負荷分散 82
プライベートエンドポイント 81
プライベートクラウド 25
ブループリント 154
ブロック BLOB 86
ポイント対サイト接続 79

ま行

マルチクラウド 26
メトリック 145

や行

ユーザー定義ルート 75
予約 161

ら行

リージョン 55
リージョンペア 56
リソース 52
リソースグループ 52
リハイドレート 87
料金計算ツール 162
ローカルネットワークゲートウェイ 78
ログ 145
ロック 155

著者プロフィール

吉田 薫 (よしだ かおる)

NECマネジメントパートナー株式会社 人材開発サービス事業部
シニアテクニカルエバンジェリスト

日本電気 (NEC)に入社後、教育部へ配属される。オフコン、OS/2、NetWareなどの製品トレーニングを担当し、現在は NECマネジメントパートナーおよび日本マイクロソフトにてクラウド技術のトレーニングを担当している。

日本におけるマイクロソフト認定トレーナーの第一期生であり、20年以上のマイクロソフト製品トレーニングのキャリアを有し、現在までに 50を超える Microsoft認定資格を取得している。高い技術力が認められ、米国マイクロソフトより、19年連続で Microsoft MVPを受賞している。この他、『合格対策 Microsoft認定試験 AZ-104：Microsoft Azure Administrator テキスト＆演習問題』(リックテレコム)、『すべてわかる仮想化大全』(日経BP)など書籍や雑誌と Webを介して技術原稿を多く寄稿している。

〔保有資格〕
Microsoft Certified：Azure Fundamentals
Microsoft Certified：Azure Administrator Associate
Microsoft Certified：Azure Solutions Architect Expert
AWS Certified Solutions Architect - Associate
AWS Certified Solutions Architect – Professional
AWS Certified DevOps Engineer – Professional
AWS Certified Security – Specialty

ゴウカクタイサク　マイクロソフトニンテイ
合格対策　Microsoft認定

エイゼット　マイクロソフト アジュール ファンダメンタルズ　　アンドモンダイシュウ ダイ ハン
AZ-900：Microsoft Azure Fundamentals テキスト＆問題集 第2版　©吉田 薫 2023

2020年 3 月11日　　第 1 版第 1 刷発行	著　　　者	吉田 薫
2021年 3 月24日　　第 1 版第 4 刷発行	発　行　人	新関 卓哉
2023年 1 月27日　　第 2 版第 1 刷発行	企画担当	蒲生 達佳
2023年 7 月25日　　第 2 版第 2 刷発行	編集担当	古川美知子、塩澤 明
	発　行　所	株式会社リックテレコム
		〒113-0034
		東京都文京区湯島 3-7-7
		振替　　00160-0-133646
		電話　　03（3834）8380（代表）
		URL　　https://www.ric.co.jp/
本書の無断複写、複製、転載、ファイル化等は、著作権法で定める例外を除き禁じられています。	装　　　丁	長久雅行
	組　　　版	株式会社トップスタジオ
	印刷・製本	シナノ印刷株式会社

●訂正等

本書の記載内容には万全を期しておりますが、万一誤りや情報内容の変更が生じた場合には、当社ホームページの正誤表サイトに掲載しますので、下記よりご確認ください。

＊正誤表サイトURL

https://www.ric.co.jp/book/errata-list/1

●本書の内容に関するお問い合わせ

FAXまたは下記のWebサイトにて受け付けます。回答に万全を期すため、電話でのご質問にはお答えできませんのでご承ください。

・FAX：03-3834-8043

・読者お問い合わせサイト：
https://www.ric.co.jp/book/のページから「書籍内容についてのお問い合わせ」をクリックしてください。

ISBN 978-4-86594-346-7